不止于判断：

Beyond Judgment

The History, Research Methodology
and Judgment Theories of Judgment
and Decision Making

判断与决策学的发展史、方法学及判断理论

齐 亮

———— 著

上海交通大学出版社
SHANGHAI JIAO TONG UNIVERSITY PRESS

内容提要

本书主要内容包括判断与决策学的发展史、判断与决策的方法学，以及判断与决策学在判断领域的核心研究成果。本书介绍了和判断与决策这一学科密切相关的诸多学者，并通过大量的案例及形象生动的阐述来为读者解析原本较为枯燥的内容。本书适合对人类判断与决策行为及心理感兴趣、对判断与决策学教学或学习有需求的读者使用。

图书在版编目（CIP）数据

不止于判断 ： 判断与决策学的发展史、方法学及判断理论 / 齐亮著. -- 上海 ： 上海交通大学出版社，2025.4
ISBN 978-7-313-29096-0

Ⅰ.①不… Ⅱ.①齐… Ⅲ.①决策(心理学)-研究 Ⅳ.①B842.5

中国国家版本馆 CIP 数据核字(2023)第 131974 号

不止于判断：

判断与决策学的发展史、方法学及判断理论
BUZHI YU PANDUAN：PANDUAN YU JUECEXUE DE FAZHANSHI、FANGFAXUE JI PANDUAN LILUN

著　　者：齐　亮

出版发行：上海交通大学出版社　　　　　地　　址：上海市番禺路 951 号

邮政编码：200030　　　　　　　　　　　电　　话：021 - 64071208

印　　制：上海新艺印刷有限公司　　　　经　　销：全国新华书店

开　　本：710 mm×1000 mm　1/16　　　印　　张：15.5

字　　数：200 千字

版　　次：2025 年 4 月第 1 版　　　　　　印　　次：2025 年 4 月第 1 次印刷

书　　号：ISBN 978-7-313-29096-0

定　　价：68.00 元

前 言 | Foreword

　　判断与决策是你改变未来生活的唯一手段。我们每天都要进行判断与决策。有些判断属于例行公事，比如判断今天会不会下雨；有些判断关系重大，比如判断恋人是否会真心待己。有些决策无关大局，比如决定下一顿饭吃些什么；有些决策却有着深远的影响，比如选择未来的职业方向。

　　如果你能获得良好的判断与决策能力，必定会是一项了不起的成就。古人为我们留下了许多有益的思路，比如"良禽择木而栖，贤臣择主而事""顺天者存，逆天者亡"，但似乎多数人在接受正规教育的过程中，能获取到这方面知识的机会并不多。

　　本书中的许多重要概念，其实可以适用于中小学教育，而当我询问本科生甚至研究生是否接触过判断与决策相关课程时，他们总会表达遗憾之情。这些知识好像并不能提高你某一次考试的分数，但是在人生漫漫长路的大考中，具备此类知识的人更有可能获得一次次的先手优势，善建佳谋，能断大事。

　　本书之目的在于提供一个掌握判断与决策能力的机会，使你做出目标清晰的行动。实际上，人们面临的障碍之一，就是自以为很擅长判断与决策。然而，即便我不设定客观的测试或考验，大多数人在认真回顾自己的判断与决策历史时，也会感慨本该作出更多明智之举。

　　在现代社会中，不管从事何种职业，钻研哪门学问，人们都客观上参与到了判断与决策的过程中。也就是说，所有人都是在实践中学习判断与决策的。当然，在此过程中，人们免不了要付出代价，要走一些弯路。大家往往容易列出许多卓越的判断者和决策者，比如被誉为"房谋杜断"的唐初名相房玄龄和杜如晦，又如被认为"性度恢廓、多谋善断"的东吴名将周瑜。

但是，大家恰恰没有看到他们在迷茫和徘徊中，经历了多少不眠之夜，苦思冥想，绞尽脑汁，甚至殊死一搏，才逐渐领悟了判断与决策之真谛。比如战国时的哲学家杨朱，竟然因为眼前的道路可南可北而哭泣，留下了"泣歧路"的故事。又如西汉的"真将军"周亚夫，在吴楚七国之乱中坚持不肯出兵去救汉景帝的亲兄弟，"抗诏不救梁"，虽然最终平叛，但他在此过程中所受到的煎熬，别人又岂能体会？他们在客观规律中历经一次又一次严酷的惩罚和奖励，才一步步接近了此中哪怕是暂时性的真理。

正因为有了无数前人实践经验的累积和研究，才产生了判断与决策这门学问。这是人类智慧的结晶。

目前我们所能见到的中文书籍中，尚未有关于判断与决策学的、内容较为全面的研究，常见的多是分别针对"判断"或"决策"的心理学、管理学、经济学书籍。如果要寻求单以"判断"或"决策"为主题的书，我相信读者们已经有了丰富的选择。但能综合判断与决策相关重要主题的中文书仍是稀缺的。因此，我的目标是完成一本可以让那些对判断与决策感兴趣的人拿来作"入门读物"的书。

我希望读者们，可以在阅读中产生一种重要性感受：原来此中有诸多奇妙之处，原来学界的探究已经如此深刻，原来人类竟还有数不尽的疑惑和迷惘。

我所要梳理出来的内容，都是为了帮助大家了解判断与决策学的主流观点及学科基础，所以，本书的风格是：对前沿理论浅尝辄止，对经典理论抽丝剥茧。

本书的写作可以帮助该学科的爱好者们梳理研究脉络，得到一本有价值的中文参考书。我之所以不愿全文翻译英语世界的著作，是因为英语写作者与国人理解习惯上的差异巨大。西方的很多理论和框架，逻辑性较强，但中国人对他们的阐述方法和具体案例会感到相对陌生。即便译成中文，理解之路也将会十分坎坷。在我的读书经验中，英文图书的作者们往往试图用浅显的、略显亲切的语言来完成逻辑上的过渡，但这不免让我们感觉啰嗦且低效；而中文图书的作者们往往更喜欢用去个人化的语言讲解内容，但这常会令读者产生一种挫折感，感觉他们的行文过度精炼，甚至怀疑连作者本人都未曾深刻理解书中内容，以至无法娓娓道来。因此，为了将以上两种习惯进行一定程度的中和，我决定用"经典原理＋个人理解和阐述"的模式进行写作。

本书是在个人第一本书《不止于理性》（副书名为"判断与决策学视角下的理性论"）的基础上实施的写作，这样，关于我个人的理论倾向性和将会涉及的学者、研究、项目等的范围，就有了一个铺垫，也使接下来的写作有了一定的连续性。本书的名称，我拟定为"不止于判断"，是想与计划中的第三本书"不止于决策"一并构成对第一本书的延续和深化。我个人希望能够用这三本书完整地呈现出判断与决策学的精彩与魅力，既能夹带属于我个人所偏好的足够多的"私货"，又能覆盖属于诸学者所公认的足够硬的内核。

既然名为"不止于判断"，我自然不会模仿当前市面上常见的相关中文书籍，仅仅满足于对判断相关研究的粗浅介绍，而是要以判断为核心，进行充分的拓展。

我在本书的第一部分中，会首先将判断与决策学的发展历史整理出来，让读者对这门学科有一定的认识。虽未必能实现"鉴于往事，有资于治道"的大经略，但我深知"绝人之材，必先去其史"的道理。开篇即"述往以为来者师"，我认为是必要的。

第二部分，我会将判断与决策领域的方法学基础介绍清楚。大家只有彼此处在相同的话语体系中，理解经典内容时才不会重重矛盾。《不止于理性》一书已详细介绍过的内容，我就不在本书中重复了，但我会做好说明，引导有兴趣的读者找寻和阅读。这部分基本上没有什么"私货夹带"可言，以讲述规则、公理、方法论为主，都是学界认可的学科基础。

第三部分，我会尽我所能，对判断与决策学两大分支之一的判断进行深入的讲解。怕有读者认为我对某些基本概念的解释不清晰，我在此要做好预警工作。实际上，如"判断"这样模糊性极强的概念，本人多年来都未曾在任何权威人士那里得到令所有人满意的解释。同"理性"的概念一样，每个人有每个人的看法，每个学派有每个学派的看法，每个时代有每个时代的看法。我要做的，是把一个东西拆开来给你们看，而不是在你我都对此模糊懵懂的情况下直接进行总结概括。

既然要拆开，那么之后的内容就是介绍不同学术派别之间的争论。我曾真诚地认为，要深入了解一个学科或一个问题，最有效率的方式就是把对立的派别搞清楚。比如你要入门语言学，那你直接把艾弗拉姆·诺姆·乔姆斯基（Avram Noam Chomsky）的支持者和反对者的经典著作拿过来看一看就可以了。这就类似于，当你要向一个外国人快速介绍中国历朝历代的政治思想，把法家和儒家说给他听就可以了。连同"决策"分支的内容一起，我将在下一本书中为大家进行详细的介绍。

由于《不止于判断》这本书中包含了许多研究者的论文论著及历史相关文献，我难以给出每一位研究者的名字和论文题目，但这并不会影响本书的可读性。我衷心感谢以张鹭鹭、刘晓荣、陈国良等知名教授为代表的专家导师们，此中恩情，铭感五内；我也无比感激所有始终对我保持宽容心态的同事和研究生们，但凡我还能做出任何微小的学术贡献，都少不了那些来自多方的力量加持。

三位祖辈亲人相继乘鹤西去，孙儿不孝，只敢梦存悼远之志，遥遥忆，解相思。

目 录 | Contents

谨以此书
感谢亲爱的陈娟然女士

第1章

1 判断与决策学之发展史

"别的动物，一达到壮年期，几乎全都能够独立，自然状态下，不需要其他动物的援助。但人类几乎随时随地都需要同胞的协助，要想仅仅依赖他人的恩惠，那一定是不行的……我们每天所需的食料和饮料，不是出自屠户、酿酒家或烙面师的恩惠，而是出于他们自利的打算。"

——亚当·斯密，《国富论》，第一篇，第二章"论分工的原由"①

"爱是一种令人愉快的感情，恨是一种不愉快的感情……爱和快乐这两种令人愉快的激情不需要任何附加的乐趣就能满足和激励人心。悲伤和怨恨这两种令人苦恼和痛心的情绪则强烈地需要用同情来平息和安慰。"

——亚当·斯密，《道德情操论》，第一篇，第二章"论相互同情的愉快"②

---

① 亚当·斯密. 国富论[M]. 郭大力、王亚南，译. 北京：商务印书馆，2015：12.
② 亚当·斯密. 道德情操论[M]. 蒋自强、钦北愚、朱钟棣，等译. 北京：商务印书馆，1997：13.

判断与决策(Judgment and Decision Making，JDM)作为一门专业学科，是从 20 世纪 50 年代开始发展的。尽管经历了种种曲折，变化巨大，但该学科的主体思想是相对稳定的。

1.1 由爱德华兹发起的经济学入侵

2004 年，英国布莱克威尔出版公司(Blackwell Publishing)出版了一本由德里克·科勒(Derek Koehler)和奈杰尔·哈维(Nigel Harvey)主编的《布莱克威尔判断与决策手册》(*Blackwell Handbook of Judgment and Decision Making*，我在本书中将其简称为"布莱克威尔手册")。它是我个人所见过的第一本关于判断与决策的正式手册和汇编。我于 2013 年加入"判断与决策学会"(Society for Judgment and Decision Making)时读到此书，因它而第一次产生了要写一本判断与决策学中文手册的想法。

2015 年，我开始构思《不止于理性》《不止于判断》《不止于决策》的系列书稿。令人惊喜的是，同年美国约翰威立父子出版公司(John Wiley & Sons)在布莱克威尔手册的基础上整理出版了由吉迪恩·克伦(Gideon Keren)和吴乔治(George Wu)主编的《威立-布莱克威尔判断与决策手册》(*The Wiley Blackwell Handbook of Judgment and Decision Making*，本书简称为"威立手册")。有了这两本厚实的手册式教材，判断与决策作为一门学科的基础就更加牢固了，这也让我在编写本书时有了更丰富的参考资料。

《心理学年鉴》(*Annual Review of Psychology*)这本著名期刊上的许多文章都曾记录了判断与决策学的发展历史。当然，参与过判断与决策研究的学者遍布多个学科领域。判断与决策学本身就有着非常明显的学科交叉特性,很容易被研究人员拿来与心理学等其他学科进行关联和比较。

按照威立手册的观点,自 1954 年以来,判断与决策学的发展经过了四个阶段。

第一阶段是 1954—1972 年,此间判断与决策学主流的系统性研究开始出现。美国著名心理学家、决策理论(Decision Theory)之父,沃德·爱德华兹(Ward Edwards)将微观经济学理论引入心理学领域,在决策研究中建立了规范性和描述性的二分法(我在后文会详细说明)。这种分类方法至今都是判断与决策学领域的重要内容。

 小知识

沃德·爱德华兹

沃德·爱德华兹(1927—2005),哈佛大学实验心理学博士,1988 年获得了"决策分析学会"(Decision Analysis Society)的最高荣誉——弗兰克·P. 拉姆齐(Frank P. Ramsey)奖,1996 年获得了"美国心理学协会"的应用心理学杰出科学贡献奖。爱德华兹发表过 100 多篇论文及著作,其重要的作品包括:

《决策分析与行为研究》(*Decision Analysis and Behavioral Research*)

《效用理论:测量与应用》(*Utility Theories: Measurement and Application*)

他为科学界做出了很多贡献,其中最重要的贡献有两个。首先,他提出了行为决策理论(Behavioral Decision Theory),从而创立了行为决策学。作为一门交叉学科,行为决策学试图去理解人在现实中"如何面对决策",而不只是去揭示"应该如何决策"。其次,他为规范性体系奠定了基础。他注意到,一些任务是人可以做好的,而另一些任务是应该由计算机完成的,这两类任务之间存在着本质的区别。

另外,在统计学领域,沃德·爱德华兹也有所贡献。1962 年,他创立了"贝叶斯研究大会"(Bayesian Research Conference),试图在决策理论中应用贝叶斯统计方法。他与另外两位统计学大师合作完成了一篇重要论文:

Edwards, Lindman, Savage. Bayesian Statistical Inference for Psychological Research[J]. Psychological Review, 1963, 70(3), 193 - 242.

这篇论文介绍了"稳定估计"(stable estimation)的概念,首次提到了在规范性模型中 0.05 的 p 值以及 0.26 的贝叶斯分子值。

第二阶段是 1972—1986 年,此阶段的亮点是若干重要理论的出现,同时也涌现出了许多学术明星。比如,丹尼尔·卡尼曼(Daniel Kahneman)和阿莫斯·特沃斯基(Amos Tversky)提出了著名的前景理论(Prospect Theory),并与保罗·斯洛维奇(Paul Slovic)一起开创了关于启发式与偏差(Heuristics and Bias,H&B)的研究项目。

关于丹尼尔·卡尼曼和阿莫斯·特沃斯基以及他们两人之间的故事,我已经在《不止于理性》一书中进行了介绍。阿莫斯·特沃斯基 1996 年去世,没能与同伴一起分享 2002 年才迟迟到来的诺贝尔经济学奖。同样令人惋惜的是,丹尼尔·卡尼曼也已于 2024 年 3 月永远地离开了。在本书中,我仍会在他们的名字出现时简写为"特&卡"。

 小知识

保罗·斯洛维奇

保罗·斯洛维奇(1938—),本科就读于斯坦福大学,1964 年获得密歇根大学心理学博士学位,目前是俄勒冈大学的心理学教授,同时也是非营利性独立公司机构"决策研究"的主席。他还曾任"风险分析学会"(Society of Risk Analysis)的主席,并于 1991 年获得该学会的杰出贡献

奖。"美国心理学协会"1993 年授予其杰出科学贡献奖。1995 年，他当选为美国国家科学院（National Academy of Sicences）院士。

保罗·斯洛维奇主要研究的是人类的判断、决策以及风险感知问题。他提出了著名的"情感启发式"（Affect Heuristic）概念，即人类依赖于直觉和本能对不确定性事件实施判断与决策的倾向。

在风险感知领域，他与巴鲁克·菲施霍夫（Baruch Fischhoff）和萨拉·利希滕斯坦（Sarah Lichtenstein）齐名。他对心理测量范式（Psycholometric Paradigm）的贡献颇多，发现人们在感知层面会认定大多数的行为活动都是高风险的。他还发现，如果有人从某种活动中获得了愉悦感，就会认定该活动风险较低。

另外，他还提出了身心性麻木（Psychophysical Numbing）的概念，即，在看到大的数字时，人们很难将其与自己的情绪水平进行合理的关联，所以，不管大的人员死亡数字如何被呈现出来，人们都很难产生情绪波动。

第三阶段是 1986—2002 年，判断与决策学的影响力得到了快速提升。情绪、激励、文化等心理学研究内容被大量引入判断与决策学领域，产生了广泛的影响，也促进了判断与决策学的快速传播。在这一阶段，经济学、营销学、社会心理学等多个研究领域中都出现了判断与决策学的身影。

第四阶段是 2002 年至今，作为一个交叉学科，判断与决策学始终繁荣地发展着。关于判断与决策学的应用性研究越来越多，商业、医学、法律和公共政策等诸多领域都在实践中验证了该学科的重要思想。

1.2 悬而未决的帕斯卡赌注： 早期重要思想

判断与决策的研究是何时出现的？没有人能对此作出精确的判定，

但大多数学者认为,历史上著名的帕斯卡赌注(Pascal's wager)是引导人类开始思考判断与决策问题的重要源头。

1670 年,帕斯卡赌注的设计者布莱斯·帕斯卡(Blaise Pascal)在其名著《思想录》中对"是否应该相信上帝存在"这个问题进行了讨论,并进行了这样的论述:

我不知道上帝是否存在。

如果上帝存在,有神论者会受到奖赏,无神论者会受到惩罚;

如果上帝不存在,有神论者和无神论者都不会有任何损失。

有神论者有可能受到奖赏,且最差的结局也不过是没有损失,而无神论者有可能受到惩罚,且最好的结局才是没有损失。

所以,作为理性的人,我宁愿相信上帝存在。

他的这个提议,被认为是人类历史上首次试图在存在主义问题上对一种被期望获得的效用(utility)进行分析——这是人类首次在一种不确定的背景下实施概率推理。

我在此稍稍帮读者复习一下"概率",帮助大家尽快进入状态。一项结果的概率,是一个 0～1 范围内的数字,表示的是该结果出现的可能性。概率越高,结果出现的可能性越大。极端情况下,概率为 0,意味着不可能,而概率为 1 意味着确定。有时候,我们也喜欢用百分比来表示,比如,某件事 100％会发生,就等于这件事发生的概率为 1。

概率有 3 项特性:

(1) 所有可能结果的概率相加等于 1;

(2) 如果两个结果不能同时出现,则两个结果中任一结果出现的概率等于两者各自出现概率之和;

(3) 两个互相独立的结果连续出现的概率是两者各自出现概率的乘积。

事实上,我们现在熟知的概率论(Probability Theory)就是由17—18世纪的布莱斯·帕斯卡、丹尼尔·伯努利(Daniel Bernoulli)和托马斯·贝叶斯(Thomas Bayes)等人共同建立起来的。这些赌博爱好者们把自己在数学上的聪明才智发挥到赌场上,我们才有了概率论这一门数学的分支学科。

决策理论(Decision Theory)几乎完全依存于概率论。而帕斯卡所谓的效用,指的是消费者拥有商品或服务对其欲望的满足程度,后来成为经济学最重要的概念之一。

 小知识

布莱斯·帕斯卡

法国哲学家、数学家、物理学家、作家、神学家布莱斯·帕斯卡(1623—1662)在许多方面都是传奇一般的人物。他16岁发现帕斯卡六边形定理(Pascal's Theorem),19岁设计完成了世界上第一台数字计算机,23岁制作出水银气压计,之后还曾研究过流体静力学、空气重量和密度等问题,32岁隐居修道院,写出了《思想录》等经典名作,还于35岁用积分学解决了摆线问题。

帕斯卡一生中启发了很多人。早在他幼年居于巴黎时,就曾因《论圆锥曲线》一文得到了勒内·笛卡尔(René Descartes)的赞赏。他在与法国数学家皮埃尔·德·费马(Pierre de Fermat)的通信中讨论过赌金分配问题,试图解决一个上流社会的赌徒提出的问题,并启发了早期概率论的研究。为了改进气压计,他在自己提出的帕斯卡定律(Pascal's Law)的基础上发明了注射器,研制出了水压机,而后人为纪念他,用他的名字来命名压强的单位,称之为"帕斯卡",简称"帕"。

1738 年,丹尼尔·伯努利在他的论文《对一种风险度量新理论的阐述》(*Exposition of a New Theory of Measurement of Risk*)中,首次介绍了边际效用递减(Diminishing Marginal Utility)的概念。这个概念是指,在一定时间内,如果其他商品或服务的消费量不变,随着消费者不断增加某种商品或服务的消费量,消费者从每增加一单位的消费中所获得的效用增加量是逐步递减的。比如,当你非常渴的时候,喝第一杯水能让你感到非常幸福,喝这杯水的效用很高。喝第二杯水,也会感到幸福,但效用的增加值已经不如第一杯水高了。喝到第五杯水时,幸福感已经消失,它带来的也许是饱胀的痛苦感。继续喝下去,痛苦只会越来越多,效用值也会越来越低。他所谓的边际效用(Marginal Utility),就是从每增加一单位的消费中所获得的效用增加量。

 小知识

丹尼尔·伯努利

丹尼尔·伯努利(1700—1782)是著名的瑞士伯努利家族的一员。伯努利家族在 3 代人中产生了 8 位著名学者,其后裔中至少有 120 人曾对数学、科学、管理甚至艺术研究做出过贡献。

伯努利家族是贵族出身,源于比利时的安特卫普,1620 年迁至瑞士的巴塞尔。老尼古拉·伯努利(Nicolaus Bernoulli,1623—1708)出生于巴塞尔,他有四个儿子。

大儿子,雅各布·伯努利(Jacob Bernoulli,1654—1705)是著名的数学家,是概率论的先驱之一。他阐明了,随着实验次数的增加,频率会逐步稳定在概率附近。他确定了等时曲线的方程。概率论发展史中的重要经典著作之一,《猜度术》(*Ars Conjectandi*),也是由他写成的。书中提到的著名的伯努利数(Bernoulli Numbers),就是以他的姓氏命名的。

三儿子，约翰·伯努利（Johann Bernoulli，1667—1748）受德国数学和哲学家戈特弗里德·威廉·莱布尼茨（Gottfried Wilhelm Leibniz）的影响，潜心研究微积分，于1742年完成了世界上第一本关于微积分的教科书。他首先使用了"变量"的概念，将函数的概念公式化。

丹尼尔·伯努利，就是约翰·伯努利的儿子。丹尼尔·伯努利不但在数学和力学方面成果颇多，而且对概率论的发展也做出了巨大贡献。1726年他由机械能守恒推导出了"伯努利原理"（Bernoulli's Principle），对流体力学做出了重要贡献。1738年，他为其堂兄尼古拉·伯努利（Nicolaus Bernoulli）提出的圣彼得堡悖论（St. Petersburg Paradox）提供了一种解决办法，并在解决这个概率期望值悖论的过程中首次引入了边际效用递减的概念。

1879年，杰里米·边沁（Jeremy Bentham）首次提出了效用的两个主要来源：乐（pleasure）与苦（pain）。边沁早年是学法律的，他总是对法律的前提感兴趣。他认为人是社会化的动物，不仅追求自己快乐，还因他人之乐而乐。因此他提出了著名的功利主义道德观。他所谓的功利，是指一种外物令当事者趋利避害，追求幸福。那么，按照功利原则，我们赞成或反对一种行为的标准，就是看该行为是增加还是减少当事人的幸福。而这里的功利主义（Utilitarianism），其词源就是帕斯卡所谓的效用。

 小知识

杰里米·边沁

杰里米·边沁（1748—1832）是英国著名的法理学家、功利主义哲学家、经济学家和社会改革者。他是一位经济哲学大师，也是英国法律改革运动的先驱。他创立了功利主义哲学，认为凡是能将效用最大化的事，就

是正确而公正的。他宣扬动物权利,反对自然权利,还对社会福利制度的发展有重大贡献。"国际的"(international)一词,就是由他创造的。在其名著《道德与立法原理引论》中,他提出了功利原理、最大幸福原理以及自利选择原理,影响了后世的一大批追随者。

以上几位大师的思想都非常重要,但还没有人直接针对判断与决策进行心理学意义上的讨论。直到 1954 年,沃德·爱德华兹在《决策理论》(*The Theory of Decision Making*)一文中特意为当时的心理学界详细地介绍了微观经济学理论[①]。他讲述了无风险选择(Riskless Choice)、风险选择(Risky Choice)、主观概率(Subjective Probability)、博弈论(The Theory of Games)等重要概念,提醒大家要在心理学领域对上述理论结构进行验证。

1961 年,沃德·爱德华兹又发表了《行为选择理论》(*Behavioral Decision Theory*)一文,总结了他 1954 年的那篇《决策理论》对心理学研究产生的影响[②]。他提醒大家,在这两篇论文相继发表的六七年里,已经出现了大量相关的理论和实证研究。这时,学界才注意到,判断与决策这一新兴研究领域已经有了惊人的发展。

在此之前,还有两本重要的著作问世:

莱纳德·吉米·萨维奇(Leonard Jimmie Savage)所著的《统计基础》[③];

罗伯特·邓肯·卢斯(Robert Duncan Luce)和霍华德·雷法(Howard Raiffa)共同完成的《博弈与决策》[④]。

---

① EDWARDS W. The Theory of Decision Making[J]. Psychological Bulletin, 1954, 51(4): 380 - 417.
② EDWARDS W. Behavioral Decision Theory[J]. Annual Review of Psychology, 1961, 12: 473 - 498.
③ SAVAGE L J. The Foundations of Statistics[M]. New York: John Wiley Inc., 1954.
④ LUCE R D, RAIFFA H. Games and Decisions: Introduction and Critical Survey[M]. New York: John Wiley Inc., 1957.

它们与沃德·爱德华兹的两篇论文一起见证了判断与决策研究的诞生。

莱纳德·吉米·萨维奇

莱纳德·吉米·萨维奇(1917—1971)是美国著名的数学家和统计学家。萨维奇先天视力不好，但实在太聪明，被经济学家米尔顿·弗里德曼(Milton Friedman)赞为"能被我毫不犹豫称为天才的少数几个人之一"。他曾在二战期间担任约翰·冯·诺依曼(John von Neumann)的首席统计助手，也先后在普林斯顿大学、芝加哥大学、密歇根大学、耶鲁大学、哥伦比亚大学任职。萨维奇的研究工作也曾启发过著名经济学家保罗·萨缪尔森(Paul Samuelson)。他的主要贡献是推进了主观的和个人的概率理论研究，并发展了贝叶斯统计学。

以上两本书概括了当时判断与决策研究中核心的 3 个理论：

（1）效用理论(Utility Theory)；
（2）概率论(Probability Theory)；
（3）博弈论(Game Theory)。

这 3 个理论都源于学界对规范性的研究(相关的概念，请读者参考《不止于理性》的第四章)。也就是说，这些理论常被学者们用于向人们提出建议，告诉大家在所有可能的决定中哪一个是"最好的"。这种心照不宣的态度实际上默默地对从"经济人"假设中推导出来的规范性理论表示了肯定。只要在实证研究中发现例外情况，当时的学者们就会将其当成

"表现不佳的错误",认为错误总是特殊的、例外的,而不是一种系统性的存在。

具备一定经济学知识的读者应该知道,"经济人"假设最初可以追溯到亚当·斯密(Adam Smith)在其名著《国富论》中的一句话:

> "不说唤起他们利他心的话,而说唤起他们利己心的话。我们不说自己有需要,而说对他们有利。"[①]

亚当·斯密

亚当·斯密(1723—1790)是苏格兰著名的经济学家,被誉为"古典经济学之父"和"现代经济学之父"。他在格拉斯哥大学任教期间的伦理学讲义《道德情操论》于1759年出版,而他花费近十年时间完成的《国富论》是在他退休之后的1767年出版的。前一本书阐述了道德人的行为,后一本书阐述了经济人的行为。这两本书奠定了亚当·斯密大师的地位。

实际上,他在这两本书中论述过许多与后来的行为经济学密切相关的理论,比如损失厌恶、过度自信、公平、利他主义等,这些都构成了现代行为经济学的理论基础。

从经济性的角度来看,要解释社会现象,需要从个人的行为出发。经济学认为一个人是为了追求自己的利益而选择自己的行为。因此,所谓的"经济人",有时被描述为行为上的"理性人",就是指以完全追求自身利益为目的而进行经济活动的主体。

---

① 亚当·斯密. 国富论[M]. 郭大力,王亚南,译. 北京:商务印书馆,2015:12.

在 1954 年的论文中,沃德·爱德华兹明确提到,人类的实际行为几乎总是不符合规范性标准。也就是说,"经济人"假设很难在现实生活中得到验证。在他的启发下,更多的学者开始质疑上述三大核心理论在描述上的有效性。

判断与决策这个新兴学科的重要特征之一,就是其理论通常存在"规范性"和"描述性"两种特性,这两种特性又总是发生概念和实证上的交叠。这种交叠,在判断与决策学的发展过程中扮演着重要的角色,直到今天,它仍是判断与决策研究中的核心问题之一。

效用理论和概率论的基础都是公理性系统。也就是说,它们都需要一系列条件作为前提,才能保证其在规范性和描述性方面存在应用的可能。

在此之前,约翰·冯·诺依曼和奥斯卡·摩根斯坦(Oskar Morgenstern)的名著《博弈论与经济行为》(*Theory of Games and Economic Behavior*)已经给出了多个重要公理。1928 年,冯·诺依曼证明了博弈论的基本原理,宣告了博弈论的诞生。但直到《博弈论与经济行为》出版,博弈论的学科基础和理论体系才宣告完成。博弈论考虑的是个体的预测行为和实际行为,其主要研究内容则是它们的优化策略。

 小知识

约翰·冯·诺依曼

约翰·冯·诺依曼(1903—1957)出生于奥匈帝国的匈牙利布达佩斯,曾执教于柏林大学和汉堡大学,1930 年前往美国,是著名的数学家、物理学家、计算机学家、工程师。他是将算符理论用于量子物理学的先驱,是博弈论的重要奠基人,是元胞自动机概念的创始人,甚至早在 DNA 结构被发现之前,他已经开始研究自我复制结构。他一生中发表了超过 150篇论文,其中 120 多篇是纯数学和应用数学领域的。在二战期间,他参与

了美国开发原子弹的曼哈顿工程。

奥斯卡·摩根斯坦

奥斯卡·摩根斯坦(1902—1977)出生于德国萨克森的格尔利茨，曾在维也纳大学任经济学教授。1938年，在他第二次访问普林斯顿大学期间，德国吞并了奥地利，因此奥斯卡·摩根斯坦决定留在美国。此后，他遇到了冯·诺依曼，开始了两人长期的合作研究。他一生都热衷于将数学应用于经济学领域，用数学理论解决人类的各种战略问题。

在《博弈论与经济行为》中，冯·诺依曼和摩根斯坦考察了概率的古典解释、频率解释、主观解释，认为概率的信念度解释允许有同样证据的不同主体对同一假说合理地赋予不同的概率，体现了主体间的认知差异。也就是说，他们赞同人们对某个事件的信念是可以测度的，因为该信念是导致相应行动的基础。

在该书的第一章里，他们一方面建议用概率的频率解释来刻画个人的效用，保证数学期望计算的合理性，另一方面通过个人偏好的完备性假设将概率和偏好同时公理化，刻画了概率测度和效用函数的互补性，从而建立起了理性行为公理系统。这就是著名的期望效用理论（Expected Utility Theory）的核心依据。

在概率论和统计学中，期望值（Expected Value），又称期望（Expectation），是指在一个离散性随机变量实验中每次可能结果的概率乘以其结果的总和。期望值是帕斯卡与费马在两人一系列书信往来中引入的。

 小知识

皮埃尔·德·费马

皮埃尔·德·费马(1601—1665)是 17 世纪的法国律师,但令他为世人所知的是他对数学的影响。在数学方面,他对解析几何、数论、概率论和微积分都有一定的贡献。他在自己的藏书——丢番图的《算术》中的一个命题旁写下了一个未证明的猜想,直到 300 年后这一猜想才被世人证明,这就是著名的"费马大定理"。他在与帕斯卡通信时引入了数学期望的概念,后来成为概率论最重要的概念之一。

而在期望值基础上建立的期望效用理论,实际上就是冯·诺依曼和摩根斯坦在公理化假设的基础上建立的"在不确定条件下"对理性人选择进行分析的框架。

然而,罗伯特·邓肯·卢斯和霍华德·雷法认为,期望效用理论的规范性和描述性特性之间存在着难以逾越的鸿沟。他们针对该书中公理的有效性进行了批判,并检查了公理在现实生活情景下的行为适用性。

在此之后,学者们纷纷对各类公理系统发起挑战。最著名的挑战来自莫里斯·阿莱(Maurice Allais)。1953 年,他提出的阿莱悖论(Allais Paradox)证明了冯·诺依曼和摩根斯坦的期望效用理论及其所依据的理性选择公理,本身就存在着逻辑不一致的问题。1961 年,丹尼尔·埃尔斯伯格(Daniel Ellsberg)提出了埃尔斯伯格悖论(Ellsberg Paradox)。学界对这两个悖论的激烈讨论,极大地促进了判断与决策学研究的发展,并产生了大量的研究文献。实际上,这两个悖论的本质并不是悖论,而是简单的经验规律不适用于期望效用理论而已。

莫里斯·阿莱

　　莫里斯·阿莱(1911—2010)是法国著名的物理学家和经济学家,曾于 1988 年获得诺贝尔经济学奖。他主要用法语撰写论文论著,这在很大程度上限制了其研究成果在英语世界的传播,以至于不少成果是在正式发表多年之后才逐渐得到重视。经济学大师保罗·萨缪尔森曾说,如果他用英文发表自己早期的文章,会改变一代人的经济学理论。

　　他在多个方面都做出了贡献,而对行为经济学来说,他的主要贡献是发展了不确定条件下的决策理论,并提出了基数效用(Cardinal Utility)的概念。由于受战争影响,且始终坚持用法语发表文章,他几乎没有受到冯·诺依曼和摩根斯坦在《博弈论与经济行为》中提出的公理体系的影响,而是独立开展研究,于 1953 年提出了能够挑战传统理性模型的阿莱悖论。

　　再晚些时候,判断与决策学领域中出现了一种新的研究——它不同于概率论公理所裁定的概率体系,而是以一种类似于阿莱悖论的精神来探索主观概率(后文会对这个概念进行详细解释)。

　　对主观概率研究贡献最大的学者之一,就是我在前文反复提到的沃德·爱德华兹。早在 20 世纪 60 年代他就启动了针对概率判断(Probability Judgment)及其评估的研究项目。1963 年,沃德·爱德华兹和他的同事们,其中也包括莱纳德·吉米·萨维奇,首次在研究中引入了贝叶斯方法。他们试图用心理学研究来检验"人类在评估概率时是否是贝叶斯主义者"。当时的结论,我相信直到今天也没有改变,即,人类不是贝叶斯主义者。这个方向上的研究始终是判断与决策学领域的核心主题之一。

托马斯·贝叶斯

托马斯·贝叶斯（1702—1761）是英国著名的哲学家、神学家、数学家、统计学家。他作为概率论的创始人之一，与帕斯卡齐名。他为了证明上帝的存在，用归纳推理的方式开展概率研究，提出了影响深远的贝叶斯定理（Bayes' Theorem），为数理统计学中重要的贝叶斯推断（Bayesian Inference）奠定了基础。

虽然贝叶斯生活在18世纪，但"贝叶斯学派"和"频率学派"的争论持续至今。前者从观察者角度出发，认定自己知识不完善；后者从自然角度出发，只描述事件本身。贝叶斯概率论如今能被广泛用于机器学习和统计推断，正是源于它绕开了对事件本体的讨论：眼前的一切是不是客观的并不重要，重要的是"我对世界的认识"处于何种状态。

正式的规范性模型与人类的实际行为之间存在着巨大的差异。对这种差异的研究，构成了判断与决策学发展起步阶段的标志性主题，如今也早已成为判断与决策学实证研究的核心内容之一。当然，当今学者们的目标已经不只限于记录下这种差异，而是试图为其提供一种心理学上的基础性解释。

1956年，赫伯特·亚历山大·西蒙（Herbert Alexander Simon）（关于他更详细的介绍，请读者参考《不止于理性》）提出了一系列有影响力的观点，推动了学界将判断与决策学的心理学机制进行理论化的工作。西蒙认为，人类总是通过一种寻求"满意"（satisficing）而非"最大化"（maximizing）的方式来适应环境。这种进化的概念启发了多个研究项目，其中就包括特&卡著名的启发式与偏差（H&B）项目。

值得注意的是,判断与决策学从诞生之初就给学界留下了交叉学科的印象。沃德·爱德华兹对此起到了重要的作用。当初正是他首次向心理学界介绍了微观经济学的理论和模型。而这似乎预示着,未来的某一天,心理学也必定能反过来向经济学表达谢意。

行为经济学(Behavioral Economics)的诞生是心理学家们为经济学作出的最大贡献之一。2002 年,判断与决策学领域的重要学者、行为经济学的创始人之一,丹尼尔·卡尼曼与弗农·洛马克斯·史密斯(Vernon Lomax Smith)分享了诺贝尔经济学奖。可惜的是,阿莫斯·特沃斯基在1996 年过世,没能等到本该是特 & 卡共同领奖的这一天。

行为经济学更像是实用的经济学,它将行为分析理论与经济运行规律结合起来,融合了心理学与经济学的经典理论,不断发现传统经济学模型中的问题,进而帮助经济学不断修正关于"经济人"、理性、效用最大化、偏好一致性等核心概念的基本假设。

判断与决策学的交叉学科特性,半个世纪之前就已经在一本论文集当中体现出来了。1957 年,哲学家多纳德·戴维德森(Donald Davidson)、哲学家及数学家帕特里克·苏佩斯(Patrick Suppes)、心理学家西德尼·西格尔(Sidney Siegel)三人共同完成了这本重要的论文集《决策:一种实证研究方法》①。

 小知识

多纳德·戴维德森

多纳德·戴维德森(1917—2003)是 20 世纪下半叶美国重要的哲学家之一,曾在加利福尼亚大学伯克利分校任哲学教授。作为分析哲学大

---

① DAVIDSON D, SUPPES P, SIEGEL S. Decision Making: An Experimental Approach[M]. Stanford, CA: Stanford University Press, 1957.

师，他与威拉德·冯·奥曼·蒯因（Willard Van Orman Quine）齐名，曾在
20 世纪 60 年代之后对心灵哲学、语言哲学、行为理论产生重要的影响。

这本论文集的出版，表明决策研究的独特性和重要性在 20 世纪 50
年代之前就已经得到了广泛的认可。相比之下，判断与决策学还有很大
的发展空间。

如今，社会对判断与决策学领域诸多理论的应用，已经深入商业、法
律、医学和气象学等各个领域之中。

判断与决策之道，方兴未艾；投身于立志之学，盖不胜数。

1.3 源起于弗兰克·拉姆齐的"真理与概率"：四个发展阶段

1.3.1 第一阶段（1954—1972 年）

1954—1972 年，可被视为判断与决策学正式开始发展的第一阶段。
该阶段的判断与决策研究侧重于行为决策。作为一个学科，判断与决策
学在此期间完成了初始的发展进程。1972 年时，已经有许多学者乐于称
自己为判断与决策学研究者。

1969 年，"主观概率及其相关领域研究大会"（Research Conference
on Subjective Probability and Related Fields）在德国汉堡创立。1971 年，
该会议在举办了三届之后，更名为"主观概率、主观效用及决策研究大会"
（Research Conference on Subjective Probability, Utility, and Decision
Making, SPUDM），拓宽了已有的研究范围。大会从此改为每两年举办
一次，至今未曾改变。

仔细研究一下判断与决策学相关文献,我们就可以梳理出第一阶段的研究主线。该阶段的判断与决策学研究主要围绕 3 个主题展开:

（1）不确定性(uncertainty)及概率论；

（2）风险条件下的决策(decision under risk)及效用理论；

（3）战略决策(strategic decision making)及博弈论。

每个主题下的研究方向还可以再细分下去。2015 年威立手册的两位主编,曾假设自己是 20 世纪 70 年代的编者,想象如何按照今天的标准来概括当年的研究内容:

（1）决策研究概述

　① 决策研究的描述性和规范性问题

（2）不确定性

　② 概率论：客观视角 vs. 主观视角

　③ 在信念修正时作为直觉型贝叶斯主义者的人

　④ 统计 vs. 冷静：客观视角 vs. 主观视角

　⑤ 概率学习与匹配

　⑥ 主观概率的估计方法

（3）选择行为

　⑦ 效用理论

　⑧ 违反效用理论的行为：阿莱悖论与埃尔斯伯格悖论

　⑨ 偏好逆转

　⑩ 测量理论

　⑪ 选择行为中的心理物理学

　⑫ 社会选择理论与群体决策

（4）博弈论及其应用

⑬ 合作行为 vs. 竞争行为：理论与实验

⑭ 囚徒困境

（5）其他主题

⑮ 信号探测理论

⑯ 信息理论及其应用

⑰ 决策分析

⑱ 逻辑、思维、推理行为的心理学

1.3.2　第二阶段（1972—1986 年）

1972—1986 年，可被视为判断与决策学发展的第二个阶段。在此期间，学界出现了许多崭新的判断与决策学研究项目，与前一阶段的主题融合之后，一直发展至今，并仍不断产生新的研究成果。前两个阶段之间的差别，主要源于判断与决策学与经济学、管理学、营销学和社会心理学等学科碰撞出的火花。

2015 年威立手册的两位主编，也曾列出了这一阶段可能存在过的研究主题：

（1）决策研究的综合

① 决策研究的描述性、指示性、规范性视角（详见《不止于理性》）

（2）概率判断：启发式与偏差

② 启发式与偏差：概述

③ 过度自信

④ 后见之明

⑤ 去偏差化与训练

⑥ 从经验中学习

⑦ 线性模型

⑧ 社会判断中的启发式与偏差

⑨ 专长

（3）决策

⑩ 前景理论及对期望效用理论的描述性替代方法

⑪ 框架与心理账户

⑫ 价值的情感载体

⑬ 对风险的测量

⑭ 多属性决策

⑮ 跨期选择

（4）方法

⑯ 假设验证

⑰ 代数模型

⑱ 布式方法（详见《不止于理性》）

⑲ 适应性的决策者

⑳ 过程追踪方法

（5）应用

㉑ 医学决策

㉒ 谈判

㉓ 行为经济学

㉔ 风险感知

在此阶段中，数学和认知科学的进展对判断与决策学领域的影响非常突出。1980 年，在一次"心理规律学会"的会议之后，"判断与决策学会"（见图 1－1）紧接着举行了自己的第一次会议。当时，许多判断与决策学

图 1 - 1　判断与决策学会的标志

领域的研究者都是在开完前一个会之后,立刻奔赴下一个会场。

　　判断与决策学研究此时已经跨越多个心理学分支学科,尤其是社会心理学。与此同时,判断与决策学领域还涌现出了大量经济学和营销学的研究主题,至今仍被热议。此时炙手可热的学术明星是特 & 卡。他们提出的前景理论以及由他们领衔推动的启发式与偏差(H&B)项目很快在心理学、经济学以及其他社会科学领域广为人知。

1.3.3　第三阶段(1986—2002 年)

　　1986—2002 年,是判断与决策学科发展的第三阶段。在此期间,判断与决策学研究的主阵地不再是各个大学的心理系和心理学院,而是转移到了其他院系,尤其是在诸多名校的商学院逐渐站稳脚跟。2004 年的布莱克威尔手册的两位编者是这样梳理判断与决策学研究主题的:

　　第一部分:方法

　　　　(1)理性及其规范性和描述性特性上的差异

　　　　(2)判断与决策的规范性模型

　　　　(3)社会判断理论:对布式概率机能主义的应用与拓展

　　　　(4)快速节俭启发式:有限理性工具箱

　　　　(5)还是再审查一下启发式与偏差方法

　　　　(6)与稻草人同行:决策研究的信息处理方法

（7）决策的计算机模型

第二部分：判断

（8）内部与外部概率判断

（9）概率判断校正的观点

（10）假设测试与评价

（11）判断相关与因果

（12）可发出乐音的卡牌的神话：作为可及性的锚定与作为适应性的锚定

（13）双绞线：反事实思维与后见之明

（14）预测与情景计划

（15）判断与决策的专长：一个用于训练直觉性决策技巧的案例

（16）去偏差化

第三部分：决策

（17）多因素选择中的背景与冲突

（18）决策中的内部与本质上的不一致性

（19）框架效应、损失厌恶与心理账户

（20）风险下的决策

（21）跨期选择

（22）情感与决策之间的关联：九种后果

（23）群体决策与审议：一个分布式探测过程

（24）行为博弈论

（25）文化与决策

第四部分：应用

（26）行为金融学

（27）会计学中的判断与决策研究：寻求增进对会计信息的生产、鉴定及使用

（28）启发式、偏差及管理

（29）医学决策心理学

（30）判断、决策及公共政策

比较一下第二阶段和第三阶段的主题，我们就可以发现，判断与决策学的研究宽度有了明显的增加。与此同时，风险选择、概率判断等传统主题仍然处于核心的地位。

2004 年，第 25 届"判断与决策学会大会"在美国明尼阿波利斯举行。会议举办方共组织了 24 个论文分会场进行分题交流，其中的绝大部分主题仍然是在第一阶段就已出现的传统主题。

这些分会场包括：风险（2 个会场）、模糊性、跨期选择、前景理论、损失厌恶与禀赋效应、框架效应、心理账户、校正与自信、锚定效应、机会与概率、定价与结果评价、谈判与博弈、秩序与顺序。

从此次会议的投稿情况来看，激励研究以及神经科学工具方面的主题成为大热门。更加边缘性、交叉性的主题还包括了社会选择、合作与协调、公平性。

另外，有少数主题代表了新的研究方向，比如情感研究（3 个会场）和幸福研究。

由此可以看出，虽然出现了一些新的研究方向，但 20 世纪 50 年代的核心主题，一直到 21 世纪仍然是判断与决策学最重要的研究对象。

1.3.4　第四阶段（2002 年至今）

自 2002 年以来，判断与决策学进入了全新的发展阶段。虽然领域内的研究者总数增加了，但核心主题变化不大。2015 年的威立手册的主题设置如下：

（1）俯瞰判断与决策的历史

第一部分：判断与决策的多面性——传统主题

（2）风险下的决策：从实地到实验室，再从实验室到实地

（3）模糊性态度

（4）多选项性选择模型

（5）跨期偏好心理学

（6）判断的过度精确性

第二部分：判断与决策中较新的主题

（7）联合与分离的评估模型：理论与实践

（8）经验决策

（9）神经科学对判断与决策的贡献：机会与局限

（10）效用：预测性的、经历过的，以及被牢记的

第三部分：关于判断与决策的心理学新看法

（11）在影响与无意识之下：判断过程中编码、检索，以及赋权的
无意识处理

（12）元认知：自我监督与自我规范的决策过程

（13）信息采样与推理偏差：在判断与决策研究中的应用

（14）近期与远期的心理学：一种解释水平理论方法

（15）乐观主义偏差：类型与原因

（16）文化以及判断与决策

（17）道德上的判断与决策

第四部分：再看老问题

（18）时间压力感知与决策

（19）博弈中战略思维的认知等级过程模型

（20）数值数量的框架效应

（21）判断中的因果思维

（22）决策中的学习模型

（23）风险下决策的变化性、噪声，以及错误

（24）决策中的专长

第五部分：应用

（25）超越此处与当下的变化行为

（26）决策与法律：真理障碍

（27）医学决策

（28）行为经济学：作为一种心理学科的经济学

（29）谈判与冲突解决方案：一个行为决策研究的观点

（30）群体与组织决策

（31）消费者决策

第六部分：改善决策

（32）决策技术

（33）去偏差化用户手册

（34）什么是一个"好的"决策？决策质量过程性和生态性评估中
的问题

第七部分：总结

（35）一份最后回头看的总结以及一篇建议性的一瞥式的前言

威立手册的两位编者在第一部分强调的是传统主题。第二部分纳入
了一些近期出现的新主题。第三部分突出了心理学内的其他领域对判断
与决策学分支的影响。在第四部分，他们介绍了判断与决策学研究的成
果在医学、法律、商业、公共政策等领域的应用。第五部分则强调了判断
与决策学自学科诞生以来就不曾改变的那种改善人类决策能力的志向。

至此，我已梳理完成了判断与决策学作为一个学科而言的发展历史。
在其背后起到支撑作用的，是最初属于数学分支的概率论、源于经济学分

支的效用理论、被广泛运用于运筹学和金融学等领域的博弈论,以及心理学、行为学领域的学者们对这三个核心理论的批判、反驳和重新认识。

判断与决策的历史,既可以卜溯谓之古老,又可谓近世之新生。若从实践来看,人类精彩而成功的案例数不胜数,比如周公研判后劝武王顺德谋事,后又于乱世决定与召公分陕而治,事后三千年仍令人深深折服。若从理论来说,学界深刻而坚定的观点层出不穷,比如布式研究(详见《不止于理性》)兼顾内外因素的代表性设计,又比如特 & 卡巧纳风险态度的前景实证理论,今日细细思量仍令人拍案叫绝。

2

第 2 章

判断与决策之方法学

"子不通功易事，以羡补不足，则农有余粟，女有余布；子如通之，则梓匠轮舆皆得食于子。"

——《孟子·滕文公下》

"人皆有不忍人之心。"

——《孟子·公孙丑章句上》

在当下的判断与决策研究中，"判断"与"决策"这两个词是常常纠缠在一起的。这似乎是所有学科概念的通病。比如，在大家看起来似乎不难理解的"历史学"领域，不同的历史学派对于"距离今天多久的历史才算历史"就是有争论的。人们当然可以将历史集合，再细分为"古代史""近代史""当代史"之类的子集，但"何时可以作为某一地区的古代与近代之边界"很可能又会成为一个新的问题。因此，我想先把我自己的"总体感受"讲清楚，再进行拆分讲解，希望以此帮助读者获得理解上的便利。

2.1 赫伯特·西蒙无关对错的工具理性：不止于规范性

2.1.1 规范性决策

判断，总是把重心放在人类决策过程的认知方面；决策，则需要满足一个较为精确的思维过程。决策过程基本遵循以下步骤：

（1）定义问题；

（2）明确标准；

（3）根据偏好为所有标准赋予权重；

（4）明确所有相关选项；

（5）基于标准，评价每个选项；

（6）计算每个选项的"价值"；

（7）选择"价值"最高的选项。

在判断与决策学的发展过程中，针对决策的研究更早地作为一门显学出现，而针对判断的研究要晚一些才进入学者们的视野。这显然与认知科学的发展过程有着直接的关联。当认知领域的学科大多还在襁褓之中的时候，概率论已出现学派之争了，而我们连人类判断的数学结构还没搞清楚。然而，在判断和概率之间的逻辑关联被梳理出来之前，学界已经认识到：

决策是由人类声明的，并不存在天然的决策。

有些时候，人们会给出前瞻性的决策声明。比如，你想要去逛街购物，可以在你行动之前就声明自己今天的决策——告诉一起购物的朋友，你已经打算好要买什么了。

有些时候，决策是人们事后的反应。甚至在没有外部刺激的情况下，人们也可以主动声明自己的决策。比如，你可以对朋友表达"真后悔没有趁自己年轻且身体强健的时候徒步去青藏高原旅游一次"，那么你的这种"错误"，很可能是因为当年你对自己未来的身体健康状况缺少前瞻性。

遵循古希腊先贤和一神教留下来的习惯和传统，追求理性和真理早早成为西方哲学家的毕生追求。由哲学衍生出来的数学、自然科学、社会科学等领域的研究者们，无一例外地都首先要去追寻"绝对真理"。由此，在对人类行为进行分析时，早期的西方学者几乎都是怀着治病救人的心态，试图用"规范性的""符合真理的""有一定标准的""最优的""更靠近上帝的""无可辩驳的""恒久不变的""放之四海而皆准的"框架开展研究工作。不管他们只是为了能让自己更接近神的世界，还是怀着要普渡众生的热情来指导世人，决策研究的起步阶段，必然是规范性决策过程的发展阶段。

规范性决策研究，所要解决的核心问题是"人类应该如何决策"。

规范性决策的结果,显然是在摒弃"情绪""直觉""天性""本能"等所谓"不良因素"之后才能得到的"完美结果"。早期的研究者们大多有着亚伯拉罕以降的一神教信仰。摒弃所谓的人性,留下所谓的理性,才能得到最好的结果。这种结果对他们而言,总是会显得"高级"一些。

纵使后浪勇推前浪,如今我们也不难理解前人的真实心态。依从天性的人,往往更多表现出动物性的一面,依赖感性和激情进行决策。人类大脑经过几百万年的进化,依然容易受到饥渴、性欲、恐惧等刺激的支配——因为服从这种支配,人类才能游过历史的长河,存活至今。但随着时代的发展,分析性的、冷静的、谨慎的决策行为,变得越来越重要,也就是说,"冷认知系统"的重要性超过了感情和激情。于是,人脑中的前额皮质越来越厚、越长越大,这种变化使人类愈加能够控制自己的行为,避免自己受到原始刺激的支配。

但人脑的新旧两部分,迟早是要发生冲突的。

比如,原始刺激会让人在饥渴时忍不住去喝水、去进食,而在如今的社会中,只要饥渴就不顾他人、只顾自己吃喝的社会成员类型,很难得到长久的生存机会——因为我们普遍认为,过度自私是不值得鼓励的。试想一下,如果一个人只要饿了就抢东西吃,那么他基本上就失去了在牢房或精神类机构之外生活的能力,他生儿育女的概率就会变得非常低。由此,那些脑中前额叶更发达的人,成功传代繁衍的概率就高一些,时间久了,人类社会中这类人的总数量越来越多,所占总人口的比例也就越来越高了。

从这个角度理解,既然"越是理性做事,越有可能成功",那么,追求规范性决策的人,自然就是更可能具备高水平生存能力的人。

规范性决策,同样脱胎于哲学、数学、逻辑学等追求理性完美结构的学科。严格按照规范性标准进行决策研究的学科,我们称为决策分析(Decision Analysis)。

当我们讨论规范性决策时，决策一词在决策分析这门规范性学科中有非常明确的定义：

决策，是在两个或更多的对资源不可取消分配的方案之间所做出的选择。

首先，资源必须是稀缺的。

比如，你要到外地出差，就要决定自己的出行方式。坐火车，时间长，价格低一些；坐飞机，时间短，价格高一些。决策的难点，就在于你如何为自己的时间和金钱赋予权重。但是，如果你告诉我，你的时间很宽松，而且你还不缺钱，那我就只能再从其他的限制因素里进行划定和区分了。虽然现实中不可能出现，但当任何资源都是无限的时候，人是无法也无需进行决策的。

其次，资源分配是不可取消的。

人们不可能每次购买商品以后，都可以随意将该商品以原价退给商家——对于那些凡事都自私自利地做出反悔举动的人，社会对他们总是很苛刻的。比如，一旦你决定了要坐飞机去外地，你就没办法让时间倒流，从而让自己再选择一遍，在同一天改为坐火车出差。时间和金钱都不可取消分配，是决策的基本前提。

另外，我想作一个说明：

中文里的决策，词义本身就是"决定某一个计策"。它既可以做动词（decide）使用，指代做出决定的这个行为，又可以做名词（decision）来用，指代这个决定本身。

英文中的decide一词，其拉丁语词根"cis"及其变体"cide"本意是指切断（cut）或消灭（kill）。决策decide的本意，就是为了某种决定而损失掉其他可能性的意思。

根据前文的定义，既然资源是不可取消的，那么我们就可以认定：

对已然做出的决策，则凡是还想改变主意，就必须付出一定的代价。

这也就意味着，一个人心理上的承诺或者一个人对未来的意向，并不能等同于决策——因为改变它无需付出代价。

2.1.2 什么是"好"决策

既然有了对规范性决策的定义，我们就可以在规范性的框架下区分决策的"好"与"坏"了。到底什么是好的决策呢？

确定好坏，需要标准，所以，这不是一个容易回答的问题。但至少我们可以先明确，哪些标准不是正确的标准①。

首先，能够产生期望结果的决策，未必是好决策。

"决策"与"决策的结果"之间是有区别的，所以上述看法只是更靠近"工具理性"的观点，并非所有人的一致意见。比如，你我一起参加某一次马拉松比赛。你对我说，你会比我更快到达马拉松比赛的终点；实际上，你是破坏规则，拦下了一辆出租车，坐车前往终点。结果必然是你确实比我更早"撞线"了，可是这种结果未必能让所有人一致认定你的这个决策是"好"决策。

其次，以最大概率获得最优结果的决策，未必是好决策。

以最大概率获得最优结果，很可能既没有考虑对于最好结果的绝对意愿，也没有在意最恶劣结果发生的可能性。比如，很多人宁愿先领走100元钱，也不愿意冒着50％的可能会损失50元钱的风险，来赌自己会赢得200元钱——人们参与风险决策的绝对意愿是有限的。又如，在高考考场上作弊，确实可能增加考入理想学校的概率，但是，一旦被发现，要永远背负着这个人生污点，甚至有可能被所有大学列入黑名单，付出极高的代价。所以，不管风险高低，这种非常严重的后果，都会让人不敢轻易作弊。

---

① 恳请读者习惯和迁就我进行这样的表述——我在本书中提到的正确与错误，往往是针对理性标准而言的。在此处，"正确"是相对于规范性的标准而言的。

反过来,以最小概率获得最差结果的决策,也未必是好决策。这种标准存在的缺陷与前一个标准如出一辙,我就不再赘述了。

1978 年的诺贝尔物理学奖得主,射电天文学家阿诺·彭齐亚斯(Arno Penzias)曾就"如何判定一个项目是不是好项目",给出了他的答案:

你首先要确定自己成功的可能性,判断成功的价值,乘以成功的概率;然后除以一旦失败所要付出的成本,得到"品质得分";最后比较一下这个得分的大小,选择得分高的那个,它是好决策。

但是,按阿诺·彭齐亚斯的标准所实施的决策,也未必是好决策。只关注百分之百成功之后所能获得的货币收益,是很狭隘的想法。毕竟这只是用一个比值来进行决策,往往会让人们忽视其他的收益。

比如,你正与一位有恶趣味的富豪打赌,赌你能否口吞一个 40 瓦的灯泡,而你认为自己有 99% 的把握将这个灯泡吞入口中。你现在有 A 和 B 两种规则可选:

A 规则:你吞入灯泡,可获得 200 元,否则需要倒赔 20 元给这个富豪。

B 规则:你吞入灯泡,可获得 200 万元,否则需要倒赔 21 万元给这个富豪。

请问,你会选择哪一个对赌规则?

按照阿诺·彭齐亚斯的标准,你需要计算的是他所谓的"品质得分"。

按照 A 规则,所得价值为 200 元,乘以成功概率 99%,再除以失败带来的成本 20 元,因此其品质得分为:

$$200 \times 99\% \div 20 = 9.9$$

按照 B 规则,所得价值为 200 万元,乘以成功概率 99%,再除以失败带来的成本 21 万元,因此其品质得分为:

$$2\,000\,000 \times 99\% \div 210\,000 = 9.4$$

两相比较,显然你应该选择 A 规则。

问题是,现实生活中的你,真的甘心选择 A 规则吗?

如果有读者问我,我觉得自己会选择 B 规则。因为在高达 99% 的成功率的保障下,我实在对自己可以吞入那个灯泡太有信心了。你觉得呢?

我想,阿诺·彭齐亚斯的标准并没有考虑到每个人对风险和收益的倾向性,这是非常严重的一个缺陷。但在许多情况下,这并不失为一种有参考价值的标准。

在规范性的决策分析领域,学者们普遍认为,虽然影响决策质量的因素有很多,但通常至少要考虑以下 6 个重要方面[①]:

因素 1. 决策者

因素 2. 框架

因素 3. 备选方案

因素 4. 偏好

因素 5. 信息

---

① HOWARD R A,ABBAS A E. Foundations of Decision Analysis[M]. New York:Pearson Education Inc.,2019.

因素 6. 决策的逻辑

首先，任意的决策中都缺不了这基本的三个因素：你可以做的——备选方案（因素 3）；你喜欢做的——对结果的偏好（因素 4）；你所能预知的——关于每种方案未来结果的信息（因素 5）。

其次，基本因素之间需要有"最佳""最优""最好"的理性支撑——决策行为的逻辑（因素 6）。有了逻辑，这些因素才能被很好地组织起来。它是一种对决策的综合性描述，组成了决策的基础。

再次，在决策逻辑基础之上，必须有不同层次的框架（因素 2），用来确定与整个决策相关的三因素。

比如，如果你的框架是"瘦身塑形"，那你就会把决策限定为"在附近的 3 家健身房中，应该选择哪一个？"

一旦你醒悟了过来，发现原来你健身的最终目的是迅速脱单、找到恋人，那你就脱离了"瘦身塑形"的框架，转而接受了"提升对恋人的吸引力"这一更高维度的框架。如此，你的决策就不再被限定为比较几家健身房了。你很可能会发现，自己的备选方案里会出现"多读一些好书""积极参加社交活动"，甚至是"提升自己的厨艺"这一类看似与健身房存在一定程度的矛盾的方案。

这就是为什么我刚刚会讲到，框架（因素 2）决定了决策的基础，它构成了你决策的基本面。

最后，决策者（因素 1）是绝对不能被忽略的核心因素。决策者要负责确定决策的基本面，组织决策的基础逻辑，还要梳理决策的三个基本因素。另外，决策者还要决定自己是否真的会采取行动。

综上所述，要评价一个决策的好坏，尤其是当我们要具体地评价某些决策行为之间在流程方面的差异时，最好能综合考虑以上 6 点。

但我还是要再次提醒读者，以上标准始终指向规范性的决策。

2.1.3　工具理性

鉴于我已在《不止于理性》一书中对"理性"的概念进行了详细介绍，本书对此就不再重复了。在此，我只想着重解释一下判断与决策学领域中"工具理性"的概念。

英文中的 reason 和 rationality，在中文里一般都被翻译为"理性"。

口语中常见的是 reason，意思是"人用思维去理解并形成的观念"。哲学家所谓的"人是理性的动物"，重在强调人类具备其他动物所不具备的思维能力，因此他们认为，理性是正常人类必然拥有的一种先天技能。

与此不同的是，rationality 强调的是一个人不荒诞、不愚昧、不完全失去思考能力。它指代的是一种能力，一个人具备了这种能力，就能保持和运用理性。说到底，rationality 其实是一种人类可通过不断思考而获得的、能够最大化利用 reason 来增强自我力量的技能。

实际上，在 reason 方面，人类近千年以来，并没有取得太大的进步。

生物进化是一个长期的过程。如今的社会，需要人们长时间保持坐姿的工作岗位越来越多，但我们没有指望人类可以在短短几代人的时间里，就能迅速进化出特别坚固耐用的腰椎间盘。同样，人类的知识大爆炸也不过是几百年的时光，我们不会指望人脑的神经元数量在短时间内有显著的提高。

人类先天在 reason 层面上的基础条件，不会有什么大的变化。真正发生变化的，更多地体现在强调人类理性能力的 rationality 层面。

认知心理学家通常认为，理性（rationality）分 2 种：

（1）认识理性（epistemic rationality）。它又包括：

　　① 理性信念（rational belief）——相信某件事是真的。

　　② 理性推断（rational inference）——推断出某件事是真的。

（2）行为理性（action of rationality），即符合理性标准的行为。

与(1)和(2)这两种理性分类相对应的，是日常生活中人们所谈论的理性(reason)，指的是理论理性(theoretical reason)，即，使用②理性推断获取对这个世界的一些①理性信念。

与理论理性对应的实践理性(practical reason)，则与人们常说的"判断"有关。它的目的是挑选出理性的行为。实践结论不一定来自理论结论，在实践推理中，人们的目标是选择执行对他们来说"最好的行动"。

在判断与决策学领域，学者们关心的主要是：

(1) 行为理性；
(2) 在关于行为的决策中对我们有用的那些判断。

所以，实践理性及其推理才是判断与决策研究的重点。

正如我在《不止于理性》中谈到的，理性的概念非常模糊，但研究判断与决策总是需要预设一个恰当的理性定义，否则这个学科很难在理论上拥有牢固的根基。

判断与决策研究采纳的是理性的工具性观点，我们将它对应的定义命名为工具理性(Instrumental Rationality)。根据这一观点，实现目标是最重要的，而理性信念和理性推断则没那么关键。具体地说，即，认识理性关乎"什么是对的"，而工具理性关乎"做什么""什么能达到""如何实现目标"。

工具理性的根本标准是要有实现目标的可靠方法。目标就摆在那里，我们在此无所谓人情上的对错，不做道德上的评价。从大卫·休谟(David Hume)开始，到后世的经验主义和实用主义思想家，他们大多持有工具主义的观点：

理性全然是工具性的——工具理性无法告诉我们往哪里去，最多只能告诉我们如何去到那里。

比如,理性无法告诉人们饮酒、辟谷、生酮等各种行为正不正确,但工具理性能帮助人们想尽办法去实现顺利饮酒、完成辟谷、成功生酮的目标。

此时,理性只是一个工具,所以被称为工具理性。

2.1.4 超越规范性观点

规范性理论及其法则只能在它的框架下给出理性的标准。

而规范性的决策理论,是为了使人的满意度最大化而制定出的规则。此时用于测量目标满意度的,就是主观效用(Subjective Utility)。它属于规范性理论范畴的决策理论法则,归根到底,是为了让人们的主观期望效用最大化而存在的。

在解释主观效用之前,我需要先解释一下主观概率(Subjective Probability)。判断与决策研究正是脱胎于主观概率及其相关领域研究。但是,要解释主观概率,还需要先介绍与它相对的客观概率(Objective Probability)。

前文提到过期望值的概念。对期望值的讨论,源于一群聪明的赌徒,包括帕斯卡、费马以及自封为德梅尔骑士(Chevalier de Méré)的法国作家安东尼·贡博(Antoine Gombaud)。1654 年,好赌的安东尼·贡博向赌场好友帕斯卡提出了一个关于"点数"游戏的机会对策问题,即,他认为,掷一个色子 4 次至少出现一次 6 点,与掷一对色子 24 次至少出现一次双 6 点,两者的概率是相等的。但实践证明,若按此想法下注,他总是输钱。这被称为德梅尔骑士问题(Chevalier de Méré's Problem)。帕斯卡为此与费马互通的 5 次书信讨论,让概率论登上了历史舞台。

1657 年,著名的荷兰学者克里斯蒂安·惠更斯(Christiaan Huygens)针对自己两年前访问巴黎时听到的这个问题,完成了《论赌博中的计算》一书。这是人类首次出版关于概率计算的书籍,因此惠更斯成为概率论的重要创始人之一。

克里斯蒂安·惠更斯

克里斯蒂安·惠更斯(1629—1695)是著名的荷兰物理学家、数学家、天文学家。他出生于海牙,13岁就自制了一台车床,动手能力极强。他曾在培养出大哲学家笛卡尔等人的莱顿大学学习过法律和数学。1663年,他受聘为英国皇家学会的首位外国会员。1666年被选为法国皇家科学院的首批院士。

惠更斯研究过求抛物线长度、求抛物线旋转面的面积、曲线如蔓叶线、摆线、对数曲线的切线和面积问题;在《论赌博中的计算》一书中,他创立了概率论;在发现了摆线等时性等理论的同时,他发明了摆钟;在研究过流体静力学之后,他将弹性碰撞的规律公式化,并在与哥哥一起磨制镜片时制造了显微镜和望远镜,发现了土星的卫星及土星光环,为几何光学和天文学的发展做出了重要贡献;他反对牛顿关于光的微粒说,首次提出了光的波动说,建立了光学研究领域著名的惠更斯原理(Huygens principle),并推导出了光的反射和折射定律。

对于奖金为 $V(x)$ 、结果为 x 的赌局而言,期望值就是概率 p 的加权平均:

$$期望值\ V(x) = V(x_1)p(x_1) + V(x_2)p(x_2) + \cdots$$

约300年之后,冯·诺依曼和摩根斯坦在期望值的基础上,建立了"在不确定条件下"对理性人选择进行分析的框架,提出了期望效用的概念。

如果存在随机变量 x ,以概率 P_i 对应可能的取值 $x_i(i=1,2,\cdots,n)$,而某个人在确定地得到 x_i 时所获得的效用为 $u(x_i)$,则此随机变量带给这个人的值为：

$$U(X) = E[u(X)] = P_1 u(x_1) + P_2 u(x_2) + \cdots + P_n u(x_n)$$

其中：

$E[u(X)]$ 代表的就是关于此随机变量 x 的期望效用；

$U(X)$ 被称为期望效用函数，又称"冯·诺依曼-摩根斯坦效用函数"（von Neumann-Morgenstern utility function），记为 VNM 函数。

本书不涉及对"概率"概念的深入讨论，为实现帮助读者理解的目的，在此只限于浅尝辄止的介绍。在概率论和统计学发展的过程中，存在着经典统计与贝叶斯统计之间的思想分歧。经典统计坚持的是概率的频率性客观解释：

一个随机事件 A 的概率 $P(A)$，是由 A 本身所决定的，不以人的意志为转移。$P(A)$ 可以通过大量的观察或实验，用 A 发生的频率来逼近。当观察或实验的次数 N 趋于无穷大时，$P\left(\dfrac{X_N}{N} \to P\right) = 1$，即，其理论依据是频率稳定性。

而贝叶斯学派认为概率不但表现为频率，而且表现为对某种结果的度量。在对不确定性现象进行统计推断时，历史经验和样本信息具有同样的重要性——是否纳入人的先验信息，是贝叶斯统计与经典统计的根本分歧所在。

比如，随便挑出一枚硬币，没有谁能天然地知道每次抛出这枚硬币之后，落地时正面朝上的概率是多少。概率上的客观主义者们（或称频率学派）认为，只有不断地抛出硬币去测试才能知道正面朝上的百分比事实上是多少，抛的次数越多，得到的百分比就越接近客观真实的概率。而贝叶斯主义的支持者们（或称贝叶斯学派）认可的是主观概率，认为概率是一种相信程度的度量。

简单地说，客观主义、经典统计、频率学派、频率解释等表述，相对于主观主义、贝叶斯统计、贝叶斯学派、贝叶斯解释等表述，基本上是对立的。在统计学的发展过程中，贝叶斯学派是被长期压制的。直到 20 世纪 60 年代，它才迎来了自己的爆发期。巧的是，判断与决策学也是随着这阵主观概率的春风起飞的。

主观概率是指建立在过去的经验与判断的基础上，根据对未来事态发展的预测和历史统计资料的研究确定的概率。它反映的只是一种主观上的可能性，只能反映未来事件发生的近似可能性。

弗兰克·普兰顿·拉姆齐（Frank Plumpton Ramsey）和萨维奇等人对主观概率研究的重要贡献，在这里先按下不表，我要强调的是前文提到的沃德·爱德华兹的重要性。他最早指出，主观概率不一定遵循客观概率的规则，甚至连主观概率这个概念，也是他于 1962 年首次提出的[①]。要解决这类矛盾，方法之一是用权重函数取代主观概率作为客观概率的度量，而权重函数未必需要遵守客观概率的规则。沃德·爱德华兹终身都是一个贝叶斯主义者，认为人类决策的规范化观点只可能是贝叶斯定理。这种观念也对后来的特 & 卡产生了重要的影响。

许多判断与决策都基于人们对不确定事件之可能性的信念。当我们陈述的时候，往往会说"我认为""我觉得""机会不大""这不可能"这类的话。而当我们用数字的形式表达出来，那就是几率或主观概率了。比如，你对我说"明天肯定不会下雨"。在判断与决策学研究者看来，那就等于你向我表述了你对明天下雨这件事的主观概率的判断结果，即，你主观上将此概率判断为 0。

回到主观效用上来。效用总是一种个人的心理感受，确实很难被客观度量。随着心理学、社会学、经济学的发展，目前学界已经不再纠结于是否存在客观的效用，而是似乎将所谓的客观效用当成了新古典主义经济学曾经的负向遗产。从效用理论的发展来看，学界逐渐放弃了绝对效

---

① EDWARDS W. Subjective Probabilities Inferred from Decisions[J]. Psychological Review, 1962, 69(2): 109 - 135.

用价值,强调效用价值的相对性;逐渐弱化了基数效用的说法,强调序数效用论。无论如何,主观效用已经被广泛用于博弈论和决策分析等领域,因此,判断与决策学研究领域必然也是主观效用的重要阵地之一。

下面让我们回到规范性的问题。实证研究证明,规范性的决策理论在很多情况下都要求太高了。人们具备超强的计算能力、自控能力、思维能力,才能做出符合规范性标准的判断。比如,对于一个孩子来说,"克制跑出门去玩耍的欲望"本身会耗费他很多精力,所以要求他在一整堂课的时间内 100% 保持专注,几乎是不可能的。因此,从工具理性的定义出发,越来越多的学者对规范性的决策理论进行了批判。

持有工具性观点的学者们认为,规范性问题的研究理论普遍都对人的要求过高,这种理论在现实世界中所能发挥的作用很小。即便多数人都具备认识理性,也无法实现目标。因此,决策研究的范畴,逐渐超越了规范性观点本身。

经过大量的决策相关研究,学界已经有了更加全面的认识。如今,大多数学者都认为,研究决策是为了解决 3 类问题:

（1）规范性问题（normative question）——如何给出最优决策的标准?

（2）描述性问题（descriptive question）——如何描述人们真实的决策行为?

（3）指示性问题（prescriptive question）——如何指导人们改进决策行为?

决策的规范性模型（Normative Model）所对应的是传统研究领域中的决策理论。决策理论拥有一个"正统的""规范的""逻辑自洽"的公理体系,更符合完美的逻辑标准,但同时又与人们在现实世界中的做法始终

"必然存在"一定的距离。

亚当·斯密最早提出了"理性人"(rational man)假设，即，在经济活动中，人都是"理性的""明智的""不感情用事的"。理性人所追求的唯一目标，就是自身经济利益的最大化。但是，这毕竟属于一种简化了的假设。一方面，它是对现实世界的一种良好近似，另一方面，它总是因为简化而存在相当大的局限性。

在决策研究领域，传统的理论——包含规范性理论和描述性理论——是分别用于回答前两类问题的。

从认知层面上讲，规范性理论的目标，是告诉人们到底怎样的行为才是最好的。它为人们制定一系列法则，并认定：只要你遵守这些法则，你的判断与决策就是最理性的。显然，规范分析的哲学本质中含有某种程度上的价值判断。它似乎指出了什么是好的，什么是坏的。

而描述性理论研究的目的，则是将人们实际的思考过程描述清楚。根据规范性理论的标准，在现实生活中，人们常常不会做出最优的行为。因此，许多学者认为，规范性理论提出的最优原则与人类的理性其实没有什么关联。

他们常常对此表示很无奈。我想，得出这般结论的时候，不少教授的脸上都带着恨铁不成钢而又不得不低头的丝丝苦笑。

2.2 冯·诺依曼从"游戏"中得到的理性经验：规范性模型

2.2.1 规范性、描述性和指示性模型

从传统意义上讲，判断与决策学研究的重要任务之一，是探究"人类

真实的判断与决策过程"与"最优过程"之间的差异,即,将描述性模型(Descriptive Model)与规范性模型进行细致的比较。

如果两者之间存在系统性的差异,学者们就会宣称自己找到了一类偏差。接下来,就要努力找到修正这类偏差的方法,以期能提高人类判断与决策的能力,使之更接近最优解。为这种修正作出明确指示的模型,就被称为指示性模型(prescriptive model)。

规范性模型,通常都是比较稳定的,目的是给出最优解。

而描述性模型,则是对人类真实行为的一种反映,更接近现实世界。

但只有在描述性模型的基础上,判断与决策学的研究学者才能建立强大的指示性模型。

对描述性模型的研究更接近传统心理学,而指示性模型多见于应用学科的相关领域,比如临床心理学。所以,通常不会有某一判断与决策学分支学科声称自己专门研究指示性模型。

判断与决策学研究在比较描述性和规范性模型时,规范性的标准有 3 个重要的来源:

(1)概率论;

(2)效用理论;

(3)统计学。

这些标准来源都是我们评价判断与决策学的数学基础。鉴于统计学另有详尽的文献和参考,本书不再详述。我在此只介绍除统计学之外重要的规范性模型。

前面提到过,判断与决策学研究的任务是发现人类实际行为与规范性模型之间存在的系统性差异,即偏差。如果未曾发现偏差,要解释为什么没有发现;如果发现了偏差,就要通过建立描述性模型和理论去理解并解释所发现的偏差。

有了规范性和描述性模型，我们就可以找出修正偏差的方法，帮助人们改进自己的行为。这些改进的方法就构成了指示性模型。当然，此处我们不必纠结于偏差是否代表了非理性。

以上的这种表述暗含着"规范性模型是更高级的模型"的想法。学者们越是确信这一点，其实也就越能表现出一种自信，即，我的指示性模型能提供很好的"帮助"，帮助人们实现最优决策，满足规范性模型的高要求。

从历史上看，心理学一路走来，曾多次误导人类，让很多人走向歧途，听信了错误的"帮助"。换句话说，指示性模型的对错，是需要经历长久考验的。忽视或遗漏偏差，是有问题的，而错误地提取和解释偏差，也是有问题的。要避免这两种问题，都离不开对规范性模型的反复审视。

总结一下。在判断与决策学研究中，规范性模型的意义在于：

(1) 以其为标准，寻找偏差；

(2) 帮助建立描述性模型，理解偏差；

(3) 帮助建立指示性模型。

最有资格声称"本领域的研究模型就是纯粹的规范性模型"的学科，当属哲学。哲学不依赖于人在某一个或某些个真实案例中所做的行为，也不依赖于人们对理应如此的事实行为的直觉反应。在判断与决策学的分支中，与规范性模型相关、与偏差相关的研究，最终都是为了找出人类判断与决策中的"错误"，找到改进的方式，然后提升人的判断与决策能力。如果反过来，判断与决策学研究竟然要去根据描述性模型来推导规范性模型，那么系统性的偏差就无从谈起了。

2.2.2　效用

站在工具理性的立场上,规范性模型的决策评价是较为容易的:最好的选项,产生的好处最多。到底什么是"好处"呢? 这就众说纷纭了。判断与决策学的研究学者们更倾向于认为:

所谓的"好"(goodness),就是指"实现目标的程度"[①]。

这样定义,就体现出了"工具性"观点的特征。它显然是一种程度式的标准,因为目标可以通过多种完成程度的模式来评价。当我们问"哪个选项的好处最多"时,其实就是在问"哪个选项总的来说更好地实现了目标"。

目标就像一种标准,但不是竞赛项目中 110 米跨栏比赛那一类"比一比谁跑得最快"的标准,而是更接近于艺术演出比赛里"比一比谁的表演最有趣"的标准。有没有绝对的数值呢? 可以有。但是即便有了,也是非常主观的东西。

说到这里,我不得不就效用(utility)这个概念多讲几句。前人虽多有涉及,但英国经济哲学大师杰里米·边沁才是正式提出此概念的人。可惜 utility 一词的中文译法五花八门,这使得很多人都没有意识到,原来自己久已听闻的功利主义/效益主义(utilitarianism)、功用(utility),甚至与水电煤气相关的公共事业费(utility)等,其实都来源于同一个词。

如今大部分学者使用了"效用"的译法。虽然这会过分强调它"果有其事"的含义,但至少大家都知道"效用"一定对应了 utility,而不会是其他的单词,所以我在本书中并不打算改变译法。经济学家张五常认为应将其译为"功用"[②],我觉得那会更好,但若要改,则与之密切相关的术语,如

---

　　① HAMMOND P J. Utilitarianism, Norms and the Nature of Utility[J]. Economics and Philosophy, 1996, 12: 1-15.
　　② 张五常. 经济解释五卷本:二〇一九增订版[M]. 北京:中信出版社,2019.

"期望效用理论"等，统统要改，会给专业性稍强的读者带来不便，所以作罢。

要使得上述问题真正"存在有意义的答案"，我们就必须假定效用（utility）或"好处"（goodness）既是可传递的（transitive）又是可连通的（connected）。

传递性（transitivity），类似于数学中常说的传递性/传导性，指的是"只要 A 比 B 好，B 比 C 好，则 A 就一定比 C 好"。连通性（connectedness）则是指"要么 A 比 B 好，要么 B 比 A 好，要么 A 和 B 一样好"。

有这两个假设，则无论如何，你都能够且必须挑出一个优胜者，不可以用"说不准""不知道"这般的回答来搪塞过去，也不会产生模糊性。

A 和 B 到底哪个"好"一些，未必是一目了然的，人们常常无法直接作出比较，而是需要做出权衡（trade-off）。

比如，有一位男生 N，现在需要做决定，到底是去追求性格高冷的女生 X，还是去追求性格积极主动的女生 Y。在男生 N 看来，X 的身材不错，可是 Y 笑起来更可爱；X 对 N 不够热情，但在与 Y 相处时，男生 N 觉得 Y 总是叽叽喳喳的，过于聒噪了些。

常见的情况是，男生 N 在做比较的时候，很可能用到"没那么好""更加好"之类的表述。而在数学上，我们是可以帮 N 为这些表述进行量化赋值的[①]。

在 A、B 之间进行权衡，就要求 A 和 B 的"好"必须能够被分解，且分解后的所得，必须在效用上存在差异。

男生 N 要把 X 和 Y 两位女生的外貌、性格、品德等一一拆分出来，分

---

① 关于量化赋值，请大家一定要明确，量化是为了减少不确定性，而不是为了消除不确定性。有兴趣的读者可参考：HUBBARD D W. How to Measure Anything: Finding the Value of Intangibles in Business[M]. Wiley, 2011.中文版的书名为了吸引读者，译名做了修改——哈伯德. 数据化决策：大数据时代《财富》500 强都在使用的量化决策法[M]. 邓洪涛，译. 北京：中国出版集团世界图书出版公司，2013.

别评价,并进行赋值,才能实现所谓的权衡。这种行为似乎很不近人情,颇有点大男子主义的味道,似乎是物化了女性,如果此事被 X 和 Y 知晓,则她们确有可能因此生气。可一旦我们抛开人情,那么,既然要实际完成权衡工作,就必然要令被比较的两者同时具备"可以被拆分的性质"。规范性模型有时看起来就是如此理性、冷酷、无情。

当然,这里的拆分过程,不是仅指内部的细分,也可以指向对外部属性的分解。比如,很多人在小时候都曾被问到"你更喜欢爸爸还是妈妈"。这里也有权衡过程。小孩子在被质问的时候,通常是没有防御资本和强者保护的,他们所能做的就是尽量不惹怒"在被惹怒后可能会让我损失更大的人",所以,小孩子在权衡时未必指向 A(爸爸)和 B(妈妈)的个人内部属性,而是指向外部后果。诸如:

爸爸在不在这里? 妈妈是否很快会回家?

能向爸爸通风报信的人是不是数量更多? 妈妈是不是接收不到此刻的信息?

妈妈被激怒的可能性是不是较低? 爸爸会不会对此一笑了之?

这种"拆分"和"赋值"看起来似乎非常随意,而事实上,大多数人并没有意识到,"自己此刻的赋值"就是自己内心真实的想法。这些想法一旦被明确了,人们通常就会照此行事,未来会表现出与之相对应的行为[①]——在现实世界中对 A 和 B 进行权衡比较。

2.2.3　期望效用理论

处理不确定条件下的决策(decisions under uncertainty)问题,就需要用到期望效用理论(Expected Utility Theory,EUT)了。对于不确定条件下的决策问题,我们需要将结果拆分,分别拿来分析,分析在每一种可能

---

①　BROOME J. Is Incommensurability Vagueness? [M]//CHANG R. (ed). Incommensurability, Incomparability, and Practical Reason. Cambridge,MA: Harvard University Press, 1997: 67 – 89.

的未来世界中的结果。这个理论的公理，是由约翰·冯·诺依曼和奥斯卡·摩根斯坦在其名著《博弈论与经济行为》（*Theory of Games and Economic Behavior*）中首次提出的。

期望效用理论是将概率及结果组合成单一量值而建立的简单模型[①]。这个理论的提出，源于前文提到过的丹尼尔·伯努利 1738 年设计的一个著名实验[②]：

假设你在赌博，你可以反复掷出同一枚硬币。第一次掷出得到硬币反面，得 2 元；第二次得到反面，奖金翻倍，得 4 元；第三次得到反面，奖金再翻倍，得 8 元；以此类推。直到你第一次掷出硬币的正面，赌局结束。现在你有机会入场参赌，请问你最多愿意预先支付多少钱，来购买一张入场券？

显然，你要给出对玩此游戏自己所能获奖金的期望值（expected value）或者该奖金数值的平均数——期望（expectation）。没人会愿意买一张超过期望值的入场券。有趣的是，理论上，这个奖金的期望值是可以无限大的，一个人确实有可能一直掷出硬币得到反面而不断赢下去。

按照期望效用理论，一个选项的总体效用，就是这个选项的期望效用。这与计算掷色子的平均期望是相似的。比如，有这样一个赌局：只有一个色子，掷出得到点数 6 就能赢 20 元，掷出其他点数则不赢钱。已知每个点数被掷出得到的概率都是六分之一，那么我们所能期望获得的平均奖金数值就是：

$$\frac{1}{6} \times 20 + \left(1 - \frac{1}{6}\right) \times 0 \approx 3.3$$

---

① 冯·诺依曼最初提到的公理有四点：完备性、传递性、连续性、独立性。这个理论是以期望理论为基础的，有兴趣的读者可参考：VON NEUMANN J，MORGENSTERN O. Theory of Games and Economic Behavior[M]. Princeton，NJ：Princeton University Press，1944.

② BERNOULLI D. Specimen Theoriae Novae de Mensura Sortis[J]. Comentarii Academiae Scientiarum Imperialis Petropolitanae，1738，5：175 - 192，translated by L. Sommer in Econometrica，1954，22：23 - 36.

这个计算过程是非常简单明了的。"拆分"过后,某个属性(此次参赌)的结果(两种结果:20 和 0)分别与该结果发生的概率相乘,然后将两乘积相加,就得到了期望效用值。将 A 和 B 的期望效用值进行简单比较,就高下立判了。这是中学数学课本中的概率论知识,与计算期望值相近,所以我就不在本书中详细展开了。

问题是,期望效用理论处理的是效用,而不是金钱。20 世纪有许多学者对期望效用理论的哲学和数学基础进行了讨论。他们发现,金钱是纯粹而简单的,但金钱的效用很模糊。能够暗示期望效用理论存在的,是权衡一致性(trade-off consistency)。

我们无需定义什么是"零效用",因为决策本身总是涉及对不同选项的比较。"什么都不选"也是一种选项。效用的单位是人们自行武断定义的。一旦完成定义了,就要紧跟这个定义——这是对保持权衡一致性的唯一要求。

我们为什么要维持权衡一致性呢?这里的关键在于,好与坏,是从已经发生的事件中产生的,而不是从尚未发生的事件中产生的。从"某一种未来世界状态"中的一个结果变为另一个结果,其对目标完成程度的影响,并不是作为另一种未来世界状态下两种结果间差异的一个函数而发生变化的。毕竟,未来世界的可能状态之间是互斥的。

另外,效用上的差异必须是有意义的。若非如此,我们根本不必为此做出抉择。理性人,总要追求更高的效用。

我们要有这样一种认识:不管一个后续事件有没有发生,都不影响效用,不影响"好"本身。一旦大家有了这个共识,就可以利用"同一种未来世界状态"中的后续事件之间的差异,以它作为一种标尺,设定"另一种未来世界状态"中效用的单位。

整体上带来最多好处的选项,总是一个"加权总和"更高的选项。一旦认定这一点,我们就可以为各种结果分配效用了。接下来我们要做的,就是去理解权重与概率之间的关系。

2.2.4 概率

概率的历史非常悠久，但是从人们开始想到要把概率与决策关联起来至今，也不过几百年的时间①。研究者们曾试图用各种方法解释概率。莱纳德·吉米·萨维奇于 1954 年提出了一种分类标准，区分出了理解概率的三种观点——必要的（necessary）观点、客观的（objectivistic）观点以及个人的（personal）观点②。

所谓必要的观点，也称逻辑性的（logical）观点，即把概率当成逻辑的延伸，先将一个事件可能在平行世界里出现的各种情况都预想到，列举出来，然后为每一种情况发生的可能性逐一进行赋值。比如，从水浒一百单八将的人物卡片中抽出李逵的概率是 1/108，抽出男性人物的概率是 105/108，从男性人物中抽出李逵的概率是 1/105。

后来，人们发现这种必要的观点无助于解决许多实际工作。比如，对于保险精算师、实验室分析师和管理咨询师来说，要穷尽所有可能出现的情况，几乎是不可能的。慢慢地，有些统计学家开始转向客观的观点。

客观的观点——注意，这里使用的客观的（objectivistic）不是我们在口语中常用的"客观的"（objective），而是指"客观主义的"（objectivistic）——强调了客观或外部认识要素的倾向。根据这种观点，从一盒围棋棋子中抽出白色棋子的概率，最终是由在"实验次数无限"的情况下"正好抽出白色棋子"的相关频数（relative frequency）或频率决定的。

举例来说，保险精算师为了计算一位潜在投保人 M 的保费，可能需要先判断 M"活过 100 岁的概率"。可是，精算师既无法穷举出 M 未来所

① HACKING I. The Emergence of Probability[M]. Cambridge：Cambridge University Press，1975.

② SAVAGE L J. The Foundations of Statistics[M]. New York：Wiley，1954.

有可能的死法,也预见不了未来 M 在其无数个平行世界中的状态。先穷尽列举再逐个赋值的做法,显然是行不通的。精算师只能借助类似人口普查数据之类的外部认识要素,先试着查一下"像 M 这样的人"有多少,其中又有多少曾活过 100 岁,然后得到一个频率,以此为基础,再计算 M 的保费。假设当地像 M 这样的人共有 10 万人,有 1 000 位百岁老人,那么这个频率就是 1/100。

但客观的观点也带来了新的问题。

第一,什么样的人可被认为是"像 M 这样的人"? 如果 M 早年曾经得过 40 种各类疾病,而今身体竟然非常健康,我们在生活中就几乎找不到像 M 这样的人了。如果真是这样,保险精算师就缺乏用于推断的基本数据,概率的计算也就无从谈起。

第二,特殊事件的概率要如何计算? 比如,如何得到"今年立春当天恰好下雨"的概率? 这不是在问多年来的平均概率,而是特指"今年立春当天下雨"的概率。在采取客观概率观点的人看来,无限次反复重新度过"今年立春"这一天的可能性是不存在的,所以,上述讨论就是没有意义且无从展开的。我们还需要新的观点。

这就是所谓个人的观点。该观点源于著名的托马斯·贝叶斯,所以学者们也会将其称为贝叶斯的(Bayesian)观点[①]。与客观的观点不同,贝叶斯的观点恰恰认为,讨论"今年立春"当天下雨的概率是有意义的。持有该观点的人认为,概率是一个人对于某种"命题"的真理性"所持信念的程度"。也就是说,对于同一个说法,不同的人可以赋予它不同的概率。

就这类问题来说,我们要获得的概率,其实是关于"一个人相信某个假设的程度",因此,不同的保险精算师,可能对同一位投保人 M 能活过 100 岁的概率意见不一致,不同的人也可能针对"今年立春当天下雨"的概

---

① 这是贝叶斯 1764 年发表的文章,现可见于:BAYES T. An Essay Towards Solving a Problem in the Doctrine of Chances[J]. Biometrika, 1958, 45: 293 – 315.

率计算给出差别很大的结果。也许有人会认为这种观点很可笑，但采取个人观点的学者们根本不认为存在所谓的"正确"概率。

这种观点，看似处在过于宽松的立场上，但它并非没有其他要求。它提出的要求主要体现在两个方面：一是要注意校准（calibration），二是要保持连贯性（coherence）。

校准的好处，是在某种程度上可以让我们将客观的看法整合到个人观点之中。但在解决多重分类问题时，校准依靠的其实是对判断与决策本身的分类。当一个人说出"下雨的概率是50％"这句话的时候，他必然要先把自己对此的各类判断与决策"综合起来"，然后才能说出那句话。如果每一个判断与决策的背后真实性都可以得到确认，则我们应当可以期望的是：在所有这些命题中，有50％是正确的。

连贯性的本质，是要求"判断与决策的集合"符合特定的规则、受到特定的限制。基本的连贯性原则包括：

（1）"一个命题为真"的概率，与"该命题为假"的概率——即该命题的补概率（probability of complement）——相加，总和必须等于1；概率为1，表明100％会发生，即"确定如此"。

（2）命题 A 和命题 B，如果不能同时为真，就是互斥的（mutually exclusive），即 $p(A)+p(B)=p(A\ or\ B)$——"要么 A 为真，要么 B 为真"这一命题的概率，等于 A 和 B 单独为真的概率之和；这个规则也被称为可加性（additivity）规则。

（3）"已知命题 B 为真时，命题 A 为真"的概率，我们称之为 A 的条件概率（conditional probability），记为 $p(A/B)$；也就是说，关于 A 的这个概率是以 B 为真作为条件和前提的。

（4）"A 和 B 同时为真"的概率，等于"A 命题为真"的概率乘以"B 命题为真时 A 为真"的条件概率，即 $p(A\&B)=p(A)\times p(B/A)$；

这就是可乘性(multiplication)规则。

（5）在某些特殊情况下，命题 A 和 B 可能是相互独立的（independent），也就是说，A 是否为真，对 B 是否为真完全没有影响，反之亦然。此时关于 B 的知识已经无法影响到 A，即 $p(A/B) = p(A)$；同样，关于 A 的知识也已经无法影响到 B，即 $p(B/A) = p(B)$。那么，两独立命题的乘法规则就可以直接表述为 $p(A\&B) = p(A) \times p(B)$。

有了上述 5 条规则的限制，对概率的判断与决策就可以被证明为"合理的"。

比如，在走到一个十字路口时，你"不可以"声称自己相信"下一辆出现的红色汽车从左边来的概率是 10%；从右边来的概率是 10%；要么从左边、要么从右边来的概率是 30%"——此时你只能将最后这个概率固定为 20%。

如果某人要一次性给出多种不同的判断与决策，或者他过去的判断限制了当下的判断，则这些限制都是非常强大的。然而，它们都不能决定任意命题的某个特殊概率——理性的人是不会同意自己这样做的。

在上述 5 条规则中，可加性和可乘性是两条核心规则。当然，有的学者会质疑上述规则的规范性，主要的争议来自决策过程中对概率的使用。

期望效用理论认为，赋予"更可能发生之事"以"更高的权重"，是很自然的事情。但这是一种"序数性的概率观念"。简单地说，你当然可以认为更可能发生的 A，与发生的可能性更低的 B 相比，确实 A"更值得"被赋予更高的"效用"，但这跟连贯性规则的要求并不完全相同。要将此争论完全整理出来，会令本书更显繁琐，因此我略去不表，有兴趣的读者可参考阿罗的文章①。

---

① ARROW K J. Risk Perception in Psychology and Economics[J]. Economic Inquiry, 1982, 20: 1 - 9.

简而言之，期望效用理论要求人们在做"概率判断"时必须满足最基本的连贯性要求。若非如此，对同一种状况的不同看法就会导致不同的结论。因为所有能影响"好处"（也就是工具性的目标实现程度）的因素是相同的，所以状况就应该是相同的；而正是因为我们采用了相同的状况分析方式，所有能影响"好处"的因素才都是相同的。

2.2.5 贝叶斯定理

可加性规则和可乘性规则共同暗示了一个著名的结论，即由托马斯·贝叶斯提出的贝叶斯定理。

令 H 是一个假设，D 是客观数据，则我们可以根据 $p(D/H)$ 推导出 $p(H/D)$ 的大小，即，已知其中一个命题为前提的条件概率，可以得到另一个命题为前提的条件概率。

比如：

H 是"小刚受了外伤"；

D 是"小刚的 X 光检查发现骨折的情况"；

条件概率 $p(D/H)$ 就是指"已知小刚确实受了外伤的情况下，X 光检查果然发现骨折的概率"；

条件概率 $p(H/D)$ 则是指"已知小刚 X 光检查有骨折的情况下，他果真受过外伤的概率"。

根据贝叶斯定理，我们可以通过前三个的数据推导出第四个。

根据其乘法法则：

$$\because p(H\&D) = p(H/D) \times p(D) = p(D/H) \times p(H)$$

$$\therefore p(H/D) = \frac{p(H\&D)}{p(D)}$$

$$\therefore p(H/D) = \frac{p(D/H) \times p(H)}{p(D)}$$

此乃贝叶斯定理的前半部分。

到了这一步,该公式已经表现出相当强大的能力,但唯一的问题是, $p(D)$ 的大小常常是未知的。为了实施计算,我们引入" H 为假"的命题,记作 $\sim H$,显然, H 和 $\sim H$ 是典型的互斥命题,且概率相加等于1。于是我们有:

$$p(D) = p(D \& H) + p(D \& \sim H)$$
$$= p(D/H) \times p(H) + p(D/\sim H) \times p(\sim H)$$

再回到之前的公式,我们就得到了完整的贝叶斯定理:

$$p(H/D) = \frac{p(D/H) \times p(H)}{p(D/H) \times p(H) + p(D/\sim H) \times p(\sim H)}$$

上式为贝叶斯定理的后半部分。

请注意,在这个定理中:

(1) $p(H/D)$ 是在已知 D 的概率的情况下才被计算出来的,所以被称为 H 的后验概率(posterior probability)。

(2) $p(H)$ 是在获知 D 的概率之前我们就知道了的,所以是先验概率(prior probability),也称作边缘概率。

(3) 中间出现的 $p(D/H)$ 被称为 D 的似然度(likelihood)。

以上,就是判断与决策常常用到的强大武器——完整的贝叶斯定理。

2.2.6 效用主义

效用主义(utilitarianism),也可译为功利主义、效益主义、功用主义、功利论,它将期望效用理论的基本规范性模型推广到"所有的人和未来世界状态"之中,把"追求人类群体的效用最大化"当成最终目标。战国时期

"以功利言善"的墨子、南宋浙东永嘉"事功学派"的叶适，其实也都持有效用主义的观点。

效用主义是西方伦理学和法学哲学中的一个传统分支。从源头上讲，它可被追溯到古希腊的快乐主义传统。哲学家亚里斯提卜（Aristippos）所创立的昔勒尼学派（Cyrenaics），又称享乐主义学派或快乐主义学派，认为最高的善只能存在于快乐的感受之中，它才是衡量一切价值的尺度。后来，哲学家伊壁鸠鲁（Epicurus）采纳并发展了这种思想，使伊壁鸠鲁主义（Epicureanism）成为中世纪前在西方被广泛传播的重要思想之一。18世纪出现的享乐主义（Hedonism）思潮，就是前文提到的杰里米·边沁在吸收了前人思想之后首次系统阐述的。

 小知识

伊壁鸠鲁

伊壁鸠鲁（前341—前270），古希腊哲学家，伊壁鸠鲁学派的创始人，被西方称为第一位无神论者。他的父母都是雅典人，成年后曾受到过德莫克里特（Democritus）的原子论哲学的影响，于公元前307年建立了伊壁鸠鲁学园，并成功使伊壁鸠鲁学派成为古希腊和罗马时期最有影响的学派之一。提图斯·卢克莱修·卡鲁斯（Titus Lucretius Carus）著名的《物性论》，就是对伊壁鸠鲁学说所做的重要宣传。

18世纪前后，出现了一大批著名的效用主义/功利主义哲学家，比如《利维坦》的作者托马斯·霍布斯（Thomas Hobes），《人是机器》的作者朱利安·奥夫鲁瓦·德·拉美特利（Julien Offroy de la Mettrie），以及写出了《论自由》的约翰·斯图亚特·穆勒（John Stuart Mill）。

他们认为，"最好的选择"就是"带来了最多好处的选择"。这只是效

用理论声称的内容,而效用主义则走得更远,认为效用既可以"在人与人之间"相加和累积,也可以"在未来世界状态之间"相加和累积。在效用主义者眼中,每个人都是数字 1;既然大家都是平等的 1,所以就不存在"赋权重"这种事。

效用主义,在事实上很接近于效用理论,我们很难声称自己"接受效用理论"而同时"反对效用主义",或者反过来,声称自己"接受效用主义"而同时"反对效用理论"。

从表面上看,效用主义/功利主义几乎等同于效用理论。这一点从命名上就能看出来,utilitarianism 这个单词本就源于 utility。如果命名更保守一些,其对应的中文翻译就应该是"效用主义"。可是我们深受儒家学说的影响,大部分中国学者更愿意接受"功利主义"这种暗含贬义的命名方式。其实本来"功利"在中文语境下也是中性的,只不过在很多人看来,既然社会中的良心和公德心尚未消亡,"功利心"就不应该被广泛推崇。

在一群人面临同一个决策问题时,以上两种模型会让人得到相同的答案。两者之间的区别在于,效用主义/功利主义将每个人都看成 1,然后将其效用累加进行计算,而效用理论只是将一个人的不同预期效用累加计算。它们的计算结果是相同的。

学者们已经证明,期望效用理论和效用主义/功利主义也是紧密相关的[①]。如果每个人的效用都是依据效用理论来定义的,则我们只需要添加几个简单的假设,就可以使得所有人的总效用等于每个人效用的总和[②]。比如,对于个人的好处(goodness),我们可以假设存在这样的 2 条原则:

---

① KAPLOW L, SHAVELL S. Fairness Versus Welfare[M]. Cambridge, MA: Harvard University Press, 2002.

② BROOME J. Weighing Goods: Equality, Uncertainty and Time[M]. Oxford: Basil Blackwell, 1991.

（1）如果每一个选项对每个人都是一样好的，则它们就是一样好的选项；

（2）如果对每一个人来说，一个选项至少不比另一个选项差，却又对某些人来说必然是更好的选项，则我们认定它就是更好的选项。

这看起来很接近帕累托最优（Pareto Optimality）的定义。

 小知识

维尔弗雷多·帕累托

维尔弗雷多·帕累托（Vilfredo Pareto，1848—1923），意大利经济学家、社会学家。这位原籍为意大利西北部利古里亚的热那亚贵族在法国巴黎出生，从都灵的大学毕业之后，他迁居到佛罗伦萨，担任一家铁路公司的经理。后来他参选议员失败，也曾在洛桑大学教授政治经济学。帕累托在1892年至1912年间从事经济研究，后来退休回到乡村，成为"孤独的思想家"。在经济研究中，他提出了"帕累托最优"的概念。在去世之前，他曾被墨索里尼政府任命为参议员，并发文表示支持自由主义化了的法西斯。

帕累托最优，指的是资源分配的一种理想状态。假设有一群人，有固定的资源，对他们实施从一种分配状态到另一种分配状态的变化中，在没有使任何人境况变坏的前提下，使得至少一个人的境况变得更好了，则这种变化就被称为帕累托改进（Pareto Improvement）。而所谓帕累托最优的状态，就是不可能再有更多帕累托改进余地的状态。

有了上述两条关于个人好处的原则假设，一个人关于其未来世界状态的可能性，就不再依赖于这个人本身，而是取决于所有人总效用的变动方向。

从结果上看,同样是在多种方案之间做出选择,效用主义/功利主义似乎与期望效用理论没有区别。

假定一个只有 200 位公民的小国政府得到了一笔意外之财,准备将其用于某个民众福利项目,现在有 2 个备选计划:

计划 A:给所有公民每人发 950 元钱。

计划 B:让所有公民参加一次抽奖,每个人都有 50% 的中奖率,中奖了的得到 1 300 元,没中奖的只能拿 700 元。

根据期望效用理论,我们显然应该选择计划 B,因为这个计划可以带来 1 000 元的期望效用(1 300×50%+700×50%=1 000),而计划 A 的期望效用仅为 950 元。请大家注意,期望效用理论关心的是任一个体的利益,即,如果做决策的是一个人,计划 B 带给这个人的期望效用更高。

效用主义者也会选择计划 B,但会给出不同的理由表述。根据计划 B,有 100 人将会获得 1 300 元,有 100 人将会获得 700 元,整个国家的总效用为 1 300×100+700×100=200 000,而计划 A 的总效用是 950×200=190 000,小于前者的 200 000,所以应该选择计划 B。

这两种结果看似没有差异,其实有着本质的不同。

它们之间的区别绝非只体现在分析的角度方面。

我还是用上述的例子进行分析。如果一个人不是效用主义者,则:

(1)他一定会要求体现公平性(fairness)。如果他属于只能拿 700 元的半数群体,一定会眼红拿到 1 300 元的人。凭什么我们竟然允许有人"可能拿的比其他人多"?这是一个"落在谁头上,谁就感觉不公平"的实际问题。

(2)他可能很担心"抽奖"这个行为本身可能会产生成本(cost)。组织几十个人实施抽奖工作,是不是要额外花钱?负责组织抽奖的工作人员,是不是要有工资开销?为了保证抽奖公正公平,是不是要专门花钱请公证人员来监督抽奖过程？甚至连奖券本身，是否也需要额外付出印刷成本？

（3）一旦选择了非效用主义/功利主义的立场，他也许会一直担心，在选择并实施了计划 B 之后，自己作为公民中的一员，最终竟然也有可能得不到"本该得到的钱"。

（4）他只是个老百姓，他不关心其他民众的总体利益，只从他个人的期望效用出发，他可能更愿意选择计划 A。

学者们已经证明，所有非效用主义/功利主义的立场，都会降低总效用[①]。追求公平，就会减少总效用；追求效率，也会减少总效用；追求心理平衡，还是会减少总效用。这其中几乎处处涉及帕累托最优和博弈论的知识。

但我在此处讨论的只是判断与决策学的规范性模型，不是描述性模型。规范性模型的定义决定了其可推广的程度，也就是说，我们认为，在规范性模型的框架下，人们最重视的、最要努力追求的，"应该"是效用，也就是上述例子中的公民所得的福利奖金。

无论如何，我要请读者保持警惕：

对我来说最好的选择，对你来说未必是最好的选择。

效用主义/功利主义的反对者认为，最好的选择，其实是那个"为自己、而非为所有人"带来了最大效用的选择。而效用主义/功利主义的支持者认为，应该将每个人都视为"1"：一个计划，如果能让"n 个人"更满意，就等于能让"n 个 1"更满意，则该计划带来的总效用增加值就是 n；或者，一个计划，哪怕只是让一个"1"的满意度增加了 n 倍，也等同于该计划所带的总效用增加值为 n。他们的目标，始终是找到一个尽可能让 n 变大的计划或选项。

---

① KAPLOW L，SHAVELL S. Fairness Versus Welfare［M］. Cambridge，MA：Harvard University Press，2002.

可问题在于,每个人都只能是那个"1"吗?

效用主义/功利主义的重要特征,恰恰在于没有对权重进行赋值。

2.2.7　需要注意的问题

菲利普·佩蒂特(Philip Pettit)于 1991 年设计了一道选择题[①],三个情景的本质都是"让你先选,然后我拿剩下的那一个"。

　　情景 1:很大的苹果,普通大小的橘子。

　　情景 2:普通大小的橘子,很小的苹果。

　　情景 3:很大的苹果,很小的苹果。

 小知识

菲利普·佩蒂特

菲利普·佩蒂特(1945—　)是爱尔兰哲学与政治学理论家,在普林斯顿大学任政治学教授,是当代共和主义思想家,在伦理学、政治学、社会科学哲学、心灵哲学等诸多领域都有重要的贡献。他倡导共和主义的自由概念,持有一种公民共和主义的立场。

更大的水果,效用通常更高。你的合理选择,必然是在情景 1 中选择"大苹果",在情景 2 中选择"普通大小的橘子"。

而在情景 3 中,你如果认识我,你应该不太好意思去主动拿走"大苹果",因为这会让你在我眼中变成一个自私的人。

且慢!如果你真是非常要面子的人,那你在情景 1 和情景 2 中又怎

　　①　PETTIT P. Decision Theory and Folk Psychology[M]//BACHRACH M O L, HURLEY S L. (eds). Foundations of Decision Theory: Issues and Advances. Oxford: Blackwell, 1991: 147-167.

么好意思拿更大的水果呢？

也许你是这样想的：毕竟那是两种水果，万一对方更喜欢吃另一种呢？也就是说，你是在"显然是主观臆断、显然只是用来进行自我安慰的"观点的影响下，"厚着脸皮"去拿了更大的水果。

细心的读者也许能发现，这违反了传递性规则。按照传递性的要求，如果一个人认定"更大的水果是更好的选择"，那他一定就会选择大的。也就是说，在前两种情景中的选择，表明你已经认定"大苹果比普通大小的橘子好""普通大小的橘子比小苹果好"。按照传递性规则，只要 A 比 B 好，B 比 C 好，则 A 就一定比 C 更好。所以，我们必然得出"大苹果比小苹果好"的结论。

然而，我也可以跳出上述框架，认定你没有违反传递性规则。要注意，在我一开始提到传递性的时候，暗含了一种要求：A、B、C 三者的本质是相同的。A、B、C 要么都是苹果，要么都是橘子，不允许有着本质区别。而现在题目中不仅引入了水果"质"的差别，还引入了人的"社交需求"。我在此将其称为"学习孔融的需求"。

在情景 1 和情景 2 中，水果种类不一样，这就削弱了"努力成为孔融"这种行为的吸引力。或者说，在这种情况下，即使你留下更大的水果，我也可能感知不到你的善意，可能"我以为你本来就只爱吃你挑的那种水果"。当你极有可能当不成孔融的时候——毕竟，即使你有心当孔融，我也未必领情——社交需求就被淡化了。此时你剩下的唯一需求，就是吃更多的水果。所以，你此时拿更大的水果，就是正确的选择；选择期望效用更大的选项，这很符合规范性模型，没有违反传递性规则。

在情景 3 中，既然你要当孔融，那么更大苹果的吸引力就没有那么高了。既然你只要拿走一个，我就只能被迫选择剩下的那一个，那么，此时更大的苹果就变成了更差的选择。因为"多吃两口苹果"而得到"自私""小气""贪婪"的名声，对大部分"懂事""想要与人为善""害怕破坏团结"

的人来说,很显然是不划算的。如果此时你只因为学习孔融"少吃两口苹果",就在我这里赢得"为他人着想""不斤斤计较""品德高尚"的口碑,那你自然会主动选择更小的苹果。此刻,你拿走更小的苹果就是正确的选择;选择期望效用更大的选项,符合规范性模型,也没有违反传递性。

这个例子告诉我们,如果想使用效用理论进行判断与决策,就必须把各种后果都考虑进来,而不是只考虑得到对应物质本身的后果。不管你是负责给公民发钱的领导人,还是想要学习孔融而企图以小博大的社交新人,都要认真思考一下,再决定要不要站在功利主义的立场上分析问题。

2.3 布伦斯维克师徒的"生态"立场:社会判断理论

2.3.1 布式概率功能主义

我曾在《不止于理性》一书中重点分析过"多重可疑指示物",本意是提醒大家,在"导致事件出现"这件事上,其实有很多因素或线索值得人们分析。要识别出作为真正原因,并借此可以用来进行预测的影响因素,分析出每一个因素究竟起到了多大的作用,就要用到社会判断理论(Social Judgment Theory,SJT)。

应用统计方法对判断与决策进行分析,我们才能深刻理解不同因素或线索如何作用于特定的判断过程。社会判断理论就是通过建立各类统计模型,尤其是精算模型,来帮助我们对未来事件进行预测。大多数心理学研究结果显示,这些社会判断理论模型的表现是优于人类自身判断水平的。

说起社会判断理论,就不得不提到埃贡·布伦斯维克(Egon Brunswik)。

信奉并追随他的研究人员，被称为布伦斯维克式（Brunswikian）的研究者，我习惯于将他们的研究简称为布式研究（详见《不止于理性》）。布式研究兴起于 20 世纪 50 年代中期，同期还有另一支在心理学领域针对所谓优选或所谓偏好选择（Preferential Choice）的研究团体。两派学者的研究内容多有交织，但是其元理论、目标和方法都是有重大差别的①。

 小知识

埃贡·布伦斯维克

　　埃贡·布伦斯维克（1903—1955）是二战前从欧洲移民美国的杰出心理学家之一。他出生于当时归属于奥匈帝国的匈牙利布达佩斯，在获得维也纳大学的博士学位之后，于 1931 年在土耳其安卡拉成立了该国历史上第一个心理学实验室。在结束对土耳其的访问之后，他回到了维也纳大学任教。1933 年，时任加利福尼亚大学伯克利分校心理系主任的爱德华·托尔曼（Edward Tolman）在维也纳大学访问学习，发现自己的研究与埃贡·布伦斯维克的行为理论存在互补性。1935 年，埃贡·布伦斯维克接受了爱德华·托尔曼的邀请，依靠洛克菲勒奖学金的资助，来到后者的大学，从此定居美国，并于 1947 年成为该校的全职教授。1955 年，他不堪忍受长期的高血压折磨，选择了结束自己的生命。

　　优选研究领域的开创者是冯·诺依曼和摩根斯坦，他们将期望效用理论公理化，大大推进了心理学测量的发展。越来越多的学者开始认为，只有将期望效用最大化，才是理性的做法。人类各种"不符合理性"（即

---

　　① GOLDSTEIN W M，HOGARTH R M. Judgment and Decision Research：Some Historical Context[M]//GOLDSTEIN W M，HOGARTH R M. （eds）. Research on Judgment and Decision Making：Currents，Connections，and Controversies. Cambridge：Cambridge University Press，1997：3-65.

"得不到最优结果")的行为,逐渐被当成了有吸引力的现象,被深入研究。对心理物理学、心理测量、数学建模有兴趣的心理学家们,开始针对人类违反期望效用理论的行为进行实证研究。

到 20 世纪 60 年代中期,出现了针对人类违反贝叶斯定理的研究,相关学者们认定其为次优(suboptimal)的行为。他们开始试图对上述的"不理性"行为进行解释,由此出现了由阿莫斯·特沃斯基和丹尼尔·卡尼曼(特 & 卡)开创的启发式与偏差(H&B)研究。

特 & 卡同在斯坦福大学期间,与理查德·泰勒(Richard Thaler)一起把心理学应用在经济学研究之中,后来阿莫斯·特沃斯基不幸早逝,丹尼尔·卡尼曼则因开创了行为经济学(behavioral economics)于 2002 年获得了诺贝尔经济学奖。2017 年,理查德·泰勒也因在行为经济学、行为金融学和决策心理学方面的贡献被授予诺贝尔经济学奖。

布式判断研究者们与上述启发式与偏差研究项目日渐疏远,究其原因,在于埃贡·布伦斯维克对感知的认识不同。他本人把感知(perception)描绘成一种赫姆霍兹推断过程(Helmholtzian inferential process),即无意识推断(unconscious inferences)过程[①]。

 小知识

赫姆霍兹

赫姆霍兹(1821—1894)全名 Hermann Ludwig Ferdinand von Helmholtz,是德国著名的医学家、物理学家、数学家和生理心理学家,一生中在多个领域都做出了重要的贡献。他在军队当过军医,在柯尼斯堡大学研究生理学。他对眼的光学结构有重要贡献,第一次以数学形式提出了能量守

---

① MEYERING T C. Historical Roots of Cognitive Science: The Rise of a Cognitive Theory of Perception from Antiquity to the Nineteenth Century[M]. New York: Springer, 1989: 181 - 208.

恒定律，并发明了验目镜、立体望远镜、角膜计，测出了神经脉冲速度、电感速度，推翻了永动机理论。他致力于研究哲学认识论，认为世界是物质的，而物质必定守恒。

只有刺激了人的感官，环境中的物体才能被感知到，但这种即刻就被得到的感官信息是非常模糊的(ambiguous)。因此，人就需要进行推断(infer)，或者说，需要从一系列只提供了不完整且可疑的信息的感官线索(cues)集合中构建出一种知觉对象(percept)，即一种依赖于感官识别的观念。

作为埃贡·布伦斯维克的弟子，肯尼斯·哈蒙德(Kenneth Hammond)曾以临床判断作类比[①]。

比如，有个人来医院看病。他用手捂着肚子的行为、他对自己肚子疼痛感的诉说，以及他的血常规化验结果，都只能对其性格和诊断结果提供模糊的线索。这就好比人类的感官线索，只能提供关于外部环境中物体的模糊信息。对于医院的医生以及环境中的感知者来说，他们必须利用这些多重线索和指示物，推断出一些内容，而这些内容是超越了线索本身的。此外，哈蒙德还将布式概率功能主义应用到了对判断的研究之中。在布式研究中，判断本身只有精确度(accuracy)的高低之分，没有理性和非理性的区别。

 小知识

肯尼斯·哈蒙德

肯尼斯·哈蒙德(1917—2015)，美国心理学家，曾任美国科罗拉多大学波尔得分校的判断与政策中心主任，也曾于 1987 年至 1988 年任判断

---

① HAMMOND K R. Probabilistic Functioning and the Clinical Method[J]. Psychological Review，1955，62：255 - 262.

与决策学会的第二主席。他是研究布式概率功能主义的重要学者,提出了研究人类判断的整体性框架——社会判断理论。他的主要成就出现于20世纪六七十年代,包括对布式棱镜模型的应用研究。他还提出了基于布式理论的认知续线理论(Cognitive Continuum Theory,CCT),这是关于任务属性和认知之间关联的第一个综合性理论。

判断精确度的研究在20世纪50年代达到了高峰。当时的学者们发现,人的直觉性感知精确度甚至比不过最基本、最简单的统计模型。受此影响,布式研究得到广泛关注,许多学者在这个研究高潮过后继续留在了这个领域。在肯尼斯·哈蒙德[①]等人20多年的努力下,布式研究者提出了社会判断理论[②],并补充了认知续线理论为之提供支撑。究其本质,社会判断理论是对布式概率功能主义(Probabilistic Functionalism)进行的应用和扩展。

接下来,我会详细介绍概率功能主义。布式的概率功能主义涉及了4个重要的概念:

    (1)功能主义(functionalism);

    (2)代偿运转(vicarious functioning);

    (3)概率主义(probabilism);

    (4)代表性设计(representative design)。

---

    ① 肯尼斯·哈蒙德是埃贡·布伦斯维克的门徒中虔诚的一员,他为了让更多的人认识到埃贡·布伦斯维克所用研究方法的伟大之处,组织专家精心地将其生平所著的重要论文从德语译为英语。埃贡·布伦斯维克的文章因过度精确而难以被理解,在一定程度上影响了学界接受其思想的速度。有兴趣的读者请参考:HAMMOND K R, STEWART. T R. The Essential Brunswik: Beginnings, Explications, Applications[M]. Oxford University Press, 2001.

    ② HAMMOND K R, STEWART T R, BREHMER B, et al. Social Judgment Theory[M]// KAPLAN M F, SCHWARTZ S (ed). Human Judgment and Dcision Processes in Applied Setting. New York: Academic Press Inc., 1975: 271 - 312.

2.3.2　功能主义

首先要说明的是，埃贡·布伦斯维克本人是彻底的功能主义者（functionalist）。他认为，心理学研究的目标，是要解释生命体是如何步调一致地实现机体功能、如何就其特定环境来完成任务的。与早期的功能主义者不同，他认为环境和生命体（尤其是人）同样重要，也认为心理学就是处理人与环境之间相互关系的学科——既然人与环境是平等的，那么两者之间的关系，更应该像是双方达成的某种让步式的协议。总之，埃贡·布伦斯维克可以被视为达尔文主义的支持者。

因为当年没有特定的词汇，埃贡·布伦斯维克只好对人的机体系统和自然环境系统进行全新的描述。他认为，机体和环境，分别拥有属于自己的一套表层（外显）和深层（内隐）区域①。人类感知的过程，即人通过眼、耳、口、鼻、皮肤等感知器官接收信息的过程，而在此过程中，连接环境深层区域与机体深层区域的因果链条，可分为 4 个部分，每个部分都可以根据其所在位置变成有明确标签的变量。

我们以环境为起点，不断接近人的机体，直到人体认知的产生，在这一过程中的 4 个变量如下所示。

A1. 末梢（distal）变量——处于环境的远端，比如一棵树的大小尺寸；

A2. 近中（proximal）变量——也称为线索（cues），指的是与人体感官表层相接触的模式，比如来自那棵树的光线在人的机体视网膜上产生的视觉图像；

---

① BRUNSWIK E. Scope and Aspects of the Cognitive Problem［M］//GRUBER H E，HAMMOND K R，JESSOR R. (eds). Contemporary Approaches to Cognition：A Symposium Held at the University of Colorado. Cambridge：Harvard University Press，1957：5－31.

A3. 外围（peripheral）变量——人的感觉器官产生的兴奋及其神经传导过程；

A4. 中心（central）变量——机体内产生的感知，比如人脑中认定的那棵树的大小尺寸。

而对于外显的人体行为来说，该因果链条是反过来的，要从机体传导到环境：

B1. 中心（central）变量——机体内的物质，比如动机或所受激励；

B2. 外围（peripheral）变量——神经传导和运动兴奋；

B3. 近中（proximal）变量——也称方式（means），指身体的运动或事件（events）；

B4. 末梢（distal）变量——远端的效果或结果。

在许多研究中，学者们会弱化神经传导和运动兴奋（B2），将上述两条因果链简化为：

AA1. 末梢变量（distal variables）——AA2. 近中线索（proximal cues）——AA3. 中心感知（central perceptions）；

BB1. 中心动机（central motivations）——BB2. 近中方式（proximal means）——BB3. 末梢结局（distal ends）。

以上就是布式功能主义的区域指示。鉴于其讨论的生命体主要指的是动物（尤其是人）的机体，而其功能主义的本体指向的是机体所具备的功能，所以布式功能主义也可以译为布式机能主义。

埃贡·布伦斯维克所要强调的，是环境和人体这两大系统的核心层之间的密切关系。也就是说，他重点关注的是两个系统中心位置上的内隐核心层之间所达成的协议。为什么呢？因为他是一位功能主义者。

在功能主义者看来，面对复杂环境时，人必须进行足够精确的感知，必须采取足够有效的行动，完成重要的任务，否则就无法生存和繁衍。这一切都是有其重要功能的！精确的感知和有效的行动，就是中心-末梢通信的内容，埃贡·布伦斯维克称其为成就（achievement/attainment）或功能有效性（functional validity）。

毕竟，对于生命体来说，能否认清自己视网膜上的图像，其实不重要，因其并不能带来任何效用或好处。生命体需要的不是"看见"本身，而是需要看见生态环境中的物体。与此类似，一个人的身体如何运动，也没有那么重要，你无需在意每次走出家门时先迈出的是左脚还是右脚，重要的是运动的效果，比如，你有没有上班迟到。所以，生命体能否生存，能否感到"幸福"，取决于以下 2 种能力：

（1）使中心感知与末梢物体成功接轨；
（2）使末梢的事态发展符合中心的欲求。

然而，对生命体来说，唯一可以直接获取到的信息是其机体感觉器官表面所接受到的刺激（外围/近中线索，AA2），唯一可以直接控制的行为是其运动过程（外围/近中方式，BB2）。无论生命体可将中心-末梢通信实施到什么程度，总会产生一种针对外围/近中事件和过程的调解（mediation）过程，而且调解几乎总是不完美的。

总之，布式功能主义认为，机体与环境之间是透过一层玻璃，甚至雾面玻璃来进行交互的。

既然机体无法与所有关乎其潜在需求的末梢变量实现密切的中心-末梢通信，心理学家们就必须分析，机体能够聚焦于何处的末梢变量以及机体实际上聚焦到何处的末梢变量。一位身处密林的猎人,他究竟能够看清楚哪些树,最终他果然看到了哪些树,都是心理学家想要了解的事情。埃贡·布伦斯维克认为,只有把机体所能关注或聚焦的所有类别的物体罗列出来,才能对机体的能力和表现进行更好的描述。

因为中心-末梢通信可以经外围/近中变量以多种不同的方式进行调解,所以埃贡·布伦斯维克的早期研究重点是对可达到的外在物体进行分类,不太重视机体关注末梢变量的过程。他后期才将调解过程本身放在了更重要的位置,把调解作为一个心理学重要问题对待。

为此,他区分了宏观调解(macromediation)和微观调解(micromediation)两类研究。

所谓的调解,指的是外围-近中的交互事件和过程。最终,研究者们真正关心的还是中心和末梢之间的通信,所以他们把处于中间位置的两层称为调解或中介。末梢焦点和中心焦点之间需要调解,而这种通过近中和外围的调解,是有其明显特征或宏观结构的。

宏观调解研究是为了发现此中的特征和结构,研究其"大战略";微观调解研究将机体的认知过程分解为更细微的部分,分析调解的策略和方法,即"具体的战术"。

埃贡·布伦斯维克曾说,成就(achievement,即精确感知和有效行动)及其战略(宏观调解)是摩尔①层面的问题,而战术(微观中介)只是分子层面的问题②。很显然,他通过这种类比表明了自己的态度:重要的其实是前者而非后者;宏观调解研究应该走在前面,应该能够指导和启发微观调解研究。

---

① 我要为忘记摩尔概念的读者们作一点提醒:摩尔是基本微粒的数量,可以是原子、分子、离子等,1 摩尔粒子含有 0.012 千克碳 12 所含的碳原子数,即 6.022 136 7×10^{23} 个粒子。

② 埃贡·布伦斯维克的意思是说,前一个层面(摩尔问题)更宏观,后一个只是分子水平上的问题,非常细致和微观。文献为:BRUNSWIK E. Scope and Aspects of the Cognitive Problem[M]// GRUBER H E, HAMMOND K R, JESSOR R (ed). Contemporary Approaches to Cognition: A Symposium Held at the University of Colorado. Cambridge: Harvard University Press,1957: 5 - 31.

2.3.3　代偿运转与透镜模型

埃贡·布伦斯维克提出，要研究"大战略"（宏观调解），首先应该明确代偿运转（vicarious functioning）的概念①。

行为（behavior）是很难被定义的，它是心理学中的主观事物。如果一个人在走路的时候被绊倒了，他整个人倒下去的动作，应不应该被称为"行为"呢？许多心理学家只对有目的的行为（purposive behavior）感兴趣，而埃贡·布伦斯维克认为，有目的的行为应当被一种客观的可观察模式识别出来。

为了实现一个指定的目标状态，机体可以使用的方式（means）有很多种。在许多理论学家看来，所谓的模式，强调的是方式上的多重性（multiplicity）和灵活性（flexibility）。用埃贡·布伦斯维克的话说，就是"终末阶段的稳定性"和"前期阶段的多样性"。比如，一个人要实现"到达前方树木位置"的目标，在方式上是多样且灵活的，他可以跑过去，可以匍匐到达，也可以慢慢溜达过去。当我们关注其行为的结局或目标状态时，只要可以确认他最终确实到达了前方树木的位置就可以了——不管他使用哪种方式，结局是稳定的。

在提出代偿运转的概念时，埃贡·布伦斯维克借用了瓦尔特·塞缪尔·亨特（Walter Samuel Hunter）的想法。亨特指出，一个器官的生理功能很少被另一个器官所取代，但心理学家们想要研究的行为却有着与此相反的特性②。如果一个人身体的某些部分出现问题了，其他的部分可以替代性地/补偿性地（vicariously）发挥功能，以实现具体的行为。埃贡·布伦斯维克将亨特的观点进行了一般化的处理，使用了"代偿运

---

① BRUNSWIK E. International Encyclopedia of Unified Science（vol. I, no. 10）：The Conceptual Framework of Psychology[M]. Chicago：University of Chicago Press, 1952.

② HUNTER W S. The Psychological Study of Behavior[J]. Psychological Review, 1932, 39：1 - 24.

转"这个术语来指代广义上的"为实现某一结局所使用的方式之间的可交换性"。

 小知识

瓦尔特·萨缪尔·亨特

瓦尔特·萨缪尔·亨特(1889—1954),美国心理学家。他是动物行为观察研究的开创者之一,主要研究方向是动物的延时反应。他提出了象征过程(symbolic process)的概念,认为有些动物会在反应延时过程中改变自己对刺激的朝向,并能在转向之后继续牢牢记住刺激的初始位置。他把对延时反应的研究应用到自己刚刚出生的女儿身上,发现了相同的延时反应。亨特深受行为主义的影响,他不太喜欢心理学(psychology)这个术语,而是希望用人类行为学(anthroponomy)来代替它。

关于中文译法,我要多说两句。vicarious 本意是"代替补偿的",可简称为"代偿性的"。比如,慢性肾小球肾炎发生后,人体的某些肾单位受损,肾小球发生纤维化,其所属肾小管会萎缩甚至消失,而那些未受损的肾单位功能却因此增强,出现细胞增生、肥大的现象,这就是典型的代偿。临床上常见的代偿性心肌肥大,也是由于心脏某些部分失能或压力增加,使得其他部分代替性地、补偿性地增强功能而导致的现象。function 一词的本义是指机体功能,而 functioning 强调的是机体功能的正常运转。因此,我在本书中使用偏向意译的方式,将 vicarious functioning 的中文定为"代偿运转"。

举例说明一下。某人本打算跑向一棵果树,目标结局是确定的,不管怎样,他一定要到达果树的位置。也许此时他正在被猛兽追击,如果爬不上那棵树,就会被猛兽吃掉;也许他已经很久没有进食,如果拿不到树上

的果子,就会饿死。如果他的左腿已经受伤了,跑步是跑不了的,但他可以依靠健全的那条右腿,一步一步跳过去,即,身体某部分出了问题,会有其他部分来替代性地完成前进的功能。此即为代偿运转。

埃贡·布伦斯维克发现,人的感知与外显行为一样,都涉及了"终末阶段的稳定性"和"前期阶段的多样性"。在感知过程中,终末阶段就是感知的形成阶段,前期阶段就是机体对感官信息的收集和整合阶段。埃贡·布伦斯维克像赫姆霍兹一样,认为感知是根据近中线索推断得到的,但是近中线索是不稳定的、多变的集合,而且总会在不同的环境条件下被机体获取到。因此,机体必须对线索的多重性非常敏感,否则机体无法处理多重可疑指示物;而在运用各种方式去实现目标结局时,机体对这些线索的使用必须足够灵活,否则无法应对线索的多重性。也就是说,为了实现目标的稳定结局,机体要在运用方式上表现出灵活性,才能合理应对线索的多重性。埃贡·布伦斯维克将"机体在线索和方式上的多样性和灵活性"称为"代偿运转",并认为这才是心理学家所感兴趣的"行为"这一对象的核心特征。

为了用图像的形式描绘"代偿运转",埃贡·布伦斯维克提出了透镜模型(the lens model)。下面我将为大家详细介绍一下该模型。

在一个感知过程中,图 2-1 左边的灰色圆形焦点是初始焦点变量(initial focal variable),代表了一个末梢刺激(distal stimulus),比如,反射自一棵树的光线;图 2-1 右边的灰色圆形焦点是终端焦点变量(terminal focal variable),代表的是机体的中心感知。左边初始焦点变量发出的散射线条,代表的是近中线索(proximal cues)。机体会从近中线索中挑选一个子集,使其与中心感知关联起来。

而当一个动作要发生时,初始焦点变量就变成了机体的某一种中心激发状态(central motivational state)的代表,其发出的散射线条代表的是近中方式(proximal means)。机体会从众多的近中方式之中进行选择,然

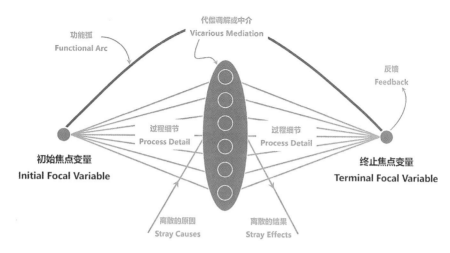

图 2‑1　机体行为的机能单元构成

后将其导向同一个末梢结局,也就是右侧的终端焦点变量。

在不同的实验中,机体会选择不同的线索或方式的子集,所以许多学者将不同的情况合成起来,建立了适用于大规模实验的透镜模型[1],将其应用于判断相关的研究。

新的模型中出现了几个有用的概念,比如,生态效度(Ecological Validities)可以指代线索‑标准相关水平,线索利用系数(cue utilization coefficients)可以指代线索‑判断相关水平。判断的有效性(即,成就,achievement)可以通过判断和标准的相关系数值来进行评估。仅在这个时候,透镜模型才真正被应用到社会判断理论之中,因为此时我们已经可以将透镜模型的理念用数学形式表达出来了[2]。

让我为大家解释一下图 2‑2。

左边的标准(criterion),就是立刻要被评价的标准,该标准变量处于

①　HAMMOND K R. Probabilistic Functioning and the Clinical Method[J]. Psychological Review, 1955, 62: 255 – 262.

②　有些学者喜欢直接将透镜模型归于线性模型,但戈尔德贝格(Goldberg)曾给出了一种更简单的解释。如要绕开一系列令人头痛的论文,读者可以参考: HARDMAN D. Judgement and Decision Making: Psychological Perspectives[M]. Malden: BPS Blackwell, 2009.

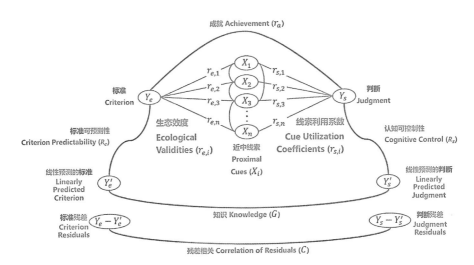

图 2-2　在社会判断理论(SJT)基础上改进过的布式透镜模型及其方程要素

初始焦点的位置，扮演着末梢刺激的角色；

右边的判断(judgment)，就是要做出感知和行动的机体所具有的判断变量，处于终端焦点的位置，扮演着中心感知的角色。

一系列的近中线索，组成了一组信息。这组信息是机体可以用于判断的信息，是通过生态效度与左边的标准关联起来的；同时，近中线索还通过线索利用系数与右边的判断关联起来。

顶端的成就，就是判断的精确程度。我们要得到判断精确程度，就要把右边的判断和左边的标准进行关联，根据相关系数的大小来对其进行评估。

埃贡·布伦斯维克所使用的焦点(focal)一词，此时恰可以通过透镜模型进行解释。他的意思是说，两边的焦点变量，可以通过代偿运转在彼此之间形成稳定的关系。这与在焦点变量之间交织重叠的区域中存在着的混乱相关情形构成了鲜明的对照。因为中心变量和末梢变量都是焦点变量，透镜模型就能特别清晰地表达出埃贡·布伦斯维克对中心-末梢关系(即成就)的重视和强调。他始终认为中心-末梢关系才是心理学应该关注的核心问题。不仅是他的功能主义将此类关系当成对机体来说最重要的内容,他的透镜模型也将此类关系作为最有可能被证明是足够稳定的现象,毕竟,任何现象,只有足够稳定,才能支撑起科学调查研究。这就反过来支撑了他的功能主义方法,也再次强调了"成就及其战略的摩尔问题(功能上的有效性)更重要"的观点。

机体实现一种稳定的中心-末梢关系,是通过这个"大战略"实现的,而透镜模型表明了揭示此中奥秘的合理方法:首先分析单一机体系统及其对应的环境系统,然后将两个系统进行比较,最后才能解决"大战略"问题。

用感知的术语来说,我们必须分析环境本身,确定环境的生态质地(ecological texture):

(1)识别出末梢物体的相关特征,而这些特性就是潜在的近中/外围线索;

(2)分析末梢物体和(潜在)线索之间的关联强度,即线索的生态效度;

(3)明确各个线索之间的相互关系,因为,这种相互关系正是机体允许代偿运转出现的部分原因。

而对于机体的系统来说,我们必须确定机体到底采用了哪些潜在线索,以及使用到了何种强度。

最后,将机体和环境的系统进行比较,看看机体的线索利用水平能否匹配其生态效度。

作为布式研究项目的核心组成部分,分析环境的生态质地,学者除了要研究环境,还要研究任意机体对环境做出的反应。这看起来是与直觉相违背的,许多学者并不接受这种要求。埃贡·布伦斯维克反复提醒学界，希望大家不要忽视对环境的研究。然而，要评估机体对线索的利用是否合理，必须具备关于环境质地的知识。

埃贡·布伦斯维克曾说：心理学已经忘记自己是研究机体与环境关系的科学，它变成了只是单纯研究机体本身的科学[①]。当时他就犀利地指出，20世纪50年代的心理学所流行的研究方法，仅仅关注人的机体内部因素，却严重忽视了环境等外部因素，正一步步向曾被严厉批判的唯我论靠近，而距离功能主义越来越远。

2.3.4　概率主义

原则上，近中/外围变量和末梢变量之间的关系，必须通过对生态质地的研究来确定。但是埃贡·布伦斯维克认为，这两者的关系事实上是不稳定的、模糊的，或者说是"可疑的"；至少在单个的线索和方式上如此。机体能够在何种程度上连接线索、选择方式，应该成为研究的主题。

与线索相比，方式确实是更可疑的。埃贡·布伦斯维克曾给出许多关于感知的例子，其中的近中线索（AA2）都是模糊的，因此他认为这种模糊性是典型而普遍的。

比如，一个等边三角形，我们从斜侧方看过去，它就不构成等边三角形了；又如，你看到了一只大狗，但极有可能不是因为这只狗真的体型庞大，而是因为你距离它太近。线索的模糊性，并非源于环境本身的概率性和不确定性，而是因为机体无法从环境中获取完整的信息。

埃贡·布伦斯维克并没有打算就此反对决定论（determinism）。他的出发点非常简单：通常情况下，机体总能获得近中线索的集合，但若机体依赖这些集合来应用支配末梢物体和末梢-近中关系的法则，就会发现

---

① BRUNSWIK E. Scope and Aspects of the Cognitive Problem [M]//GRUBER H E, HAMMOND K R, JESSOR R.(eds). Contemporary Approaches to Cognition：A Symposium Held at the University of Colorado. Cambridge：Harvard University Press，1957：5 - 31.

这些集合要么是不完整的,要么存在其他方面的缺陷。大自然的普遍法则并不会令行为者或感知者感觉特别舒服,因为后者并没有处在应用这些法则的位置上。一般情况下,机体就像在一个半古怪的生态环境中行动着。

由此,即使环境在哲学意义上是决定论的,它在机体看来也总是概率性的,即,哪怕环境本身是确定性的,不存在概率一说,符合哲学上的决定论,机体所感受到的环境也还是概率性的,因为后者永远无法获取环境中充足而完整的信息。更何况,环境本就充满了不确定性。如此,人们就会对环境的不确定性抱有更深刻的敌意。埃贡·布伦斯维克把人类的感知系统称为"依靠直觉的统计学家"①,这个比喻是精妙而准确的。

从这些观察中,埃贡·布伦斯维克得出了针对心理学的重要隐含意义。具体来说,一个旨在阐述成就及其战略的研究项目,至少有一部分研究内容须以概率的形式进行表述。

首先,环境,或者机体可从中获得信息的那部分环境,必须看起来是概率性的。生态质地研究,旨在描述"末梢变量"和"可获取的(accessible)近中/外围线索及方式"两者之间的关系,这类研究必须被描述为一系列的概率关系。比如,虽然"视网膜投射的物体大小尺寸"与"在固定距离上末梢物体实际的大小尺寸"之间的关系是确定性的,但当机体处在其环境之中,末梢物体与机体之间的距离是可变的情况下,这种关系就必须是概率性的。

一朵向日葵的花盘直径为 5 厘米,假设它距离我的眼睛 20 米时,会在我的视网膜上留下 1 平方毫米的投影——这件事是确定性的;可是在现实环境中,我有可能看到距离我 10 米、5 米、1 米的许多向日葵花盘,甚至可能看到一朵被放在车架上离我越来越远的动态花盘,如此,两个面积变量(花盘实际面积,以及视网膜投影实际面积)之间的关系,就只能被表

---

① BRUNSWIK E. Perception and the Representative Design of Psychological Experiments[M]. Berkeley: University of California Press,1956.

述为概率性的。

其次，除了生态质地，成就本身也必须用概率性术语进行表述。机体面临的是模糊的线索，而这些线索很明显是概率性的。一个有限的、平凡的个体，在感知和行动时，所能做的只不过是打一个赌；而且他有时会输掉赌注①。既然线索也是概率性的，那人在做判断时就等于在下注，赌这个线索是有用的；选择行为方式的过程，也是如此。当我们要描述成就，也就是判断的精确度时，便只能把它也描述成概率性的。

按照我在《不止于理性》中介绍的思路，有了埃贡·布伦斯维克的观点的支持，相信可以得到一种更能让读者们信服的解释：通信能力再强，也要面临不确定性的考验；即使客观环境是确定性的，通信能力也不完美。即使所有的线索是确定的，机体的代偿运转也会"挑三拣四"，不会通吃所有的线索信息；即便吃得下，以机体的物理局限性（比如人的神经元数量总是有限的）来看，它也消化不了②。

埃贡·布伦斯维克认定，旨在处理机体及其环境之间物理关系的摩尔心理学，是不可能真正存在的。除非它放弃那种研究普遍性规律之科学的理想主义观点，不再执着于完全彻底的统计学概念③。

2.3.5 代表性设计

布式理论中最有争议的部分，就是代表性设计（representative design）。直到今天，关于它的争论仍广泛存在。在埃贡·布伦斯维克崭露头角的年代，心理学的受试者大多是从一个特定的人群中被随机挑选出来的，那样做，是为了保证所得结论有可推广性。可是，在真正将结论

---

① BRUNSWIK E. Organismic Achievement and Environmental Probability[J]. Psychological Review，1943，50：255 - 272.

② 我在此只是想从两个层面对这个问题作出解释。当然，这也暗示了社会科学和量子力学共同面临的困难。

③ BRUNSWIK E. Organismic Achievement and Environmental Probability[J]. Psychological Review，1943，50：255 - 272.

进行推广时，研究者的目标就不会仅限于实验的采样人群，而是要推广到更大的范围。

如果每次做心理调查时，被调查对象都是大学生，那该结论只能适用于大学生。想要"保证"该结论适用于广大人群，最理想的情况，是按照实际人口比例抽出一个完美的样本，再进行实验研究。比如，调查某一个学校的学生对足球的喜爱程度，较好的方式是从该校每个年级的每个班里抽出 20% 的学生来填写问卷或接受采访。如果只抽取了所有毕业生班级里的 20% 作为样本，所得结论就只能说明"毕业生"群体的观点，不能用于说明"全校学生"的观点。当然，这 20% 的学生里最好还要按照实际的男女比例、出身省份比例，甚至是性格内向或外向的比例进行抽取，而且必须是随机选择，这样的结果才被学界认定为有说服力、有可推广性。

埃贡·布伦斯维克对此持有不同的意见。他认为，既然要为提高可推广性而对实验对象进行抽样，那也要按照同样严格的方法实施对特定刺激或实验条件的抽样，保证其可以代表所在的生态环境。埃贡·布伦斯维克之所以将其命名为"代表性设计"，就是为了与当时心理学界普遍使用的典型的"系统性设计"（systematic design）进行对比：前者认为样本的代表性和刺激/条件的代表性需要同时被考虑在内，而后者处理刺激/条件的方式只会产生正交独立变量，也就是说，其结论是不具备可推广性的。

现在让我来给大家通俗地解释一下。

之前提到过，埃贡·布伦斯维克要开展的是研究"成就及其战略"的项目。该项目可以被分解成 4 个子项目：

（1）研究成就本身；

（2）研究生态质地；

（3）研究机体对线索的利用情况；

（4）将生态系统和机体系统进行比较。

　　显然，代表性设计主要是关于项目 1 和项目 2 的。

　　项目 1 中所谓成就的高低，指的是判断精确度的高低。在适当的感知下，机体越容易利用其所受的刺激，成就越高；机体越难以利用其所受的刺激，成就越低。除非我们在实验室中给实验对象的刺激能够"代表"他们在平时所生活的环境中实际接受到的刺激——即对刺激进行抽样——否则我们无法获知实验对象在现实生活中判断精确度的高低，因而也就无法将在实验室中获得的结论推广到现实环境中。项目 2 中所谓的生态质地，包含了末梢变量和近中/外围变量之间的关系。如果在实验室中给实验对象的刺激干扰了这种关系，生态质地研究就无法进行了。

　　埃贡·布伦斯维克所谓的代表性设计，意思是请心理学家们不要单纯强调"实验对象要能代表所有人"，然后就简单地将结论推广到更大范围的人类群体中去，而是应该思考一下，在实验室里进行的研究到底能不能在现实世界发挥作用。如果不能，那就是正交独立变量。正交的（orthogonal），就是垂直的、不相干的。"实验室里的刺激"与"现实中的刺激"完全没有关系，所得结论自然就没有可推广性。

　　学界对代表性设计的质疑，主要集中在对线索利用（cue utilization）的具体应用层面。了解统计学的读者应该能明白，按照统计推断的逻辑要求，推断总体人群的状况，需要进行概率抽样。那么，如果要对特定的刺激进行统计推断，就要像对特定人群进行统计推断那样实施。也就是说，人群采样和刺激采样的难度至少是在相同水平上的，甚至后者比前者的难度还要更高一些。有些反对者认为，其实有很多非统计学的推广依据，比如理论引导推断（theory-guided inference）。还有些反对者认为，那些能够影响到机体线索利用的刺激属性/特征，其正交性（即代表性设计所强调的特性）就算确实存在于实验室任务环境之中，机体也未必对它足够敏感。布式研究者们对此的回答是，任务环境敏感度本身就是一个需要进行实证调查研究的问题。

按照布式观点,线索利用研究主要关注的是代偿运转。因此,机体应该在实验室中也能展现出其在现实环境中的代偿运转。代偿运转包含了对一系列线索的灵活选择,即,环境中的许多线索是存在交互关系的,如果机体通过之前的学习已经明确了这些交互关系,有时就会用某些线索代替另一些线索。如果通过正交实验故意毁掉这些线索之间的交互关系,那么很可能产生新的交互,而这些新的交互在现实环境下是行不通的,或者说是与现实环境不兼容的。实验室中的刺激毕竟不是真实环境中的刺激,面对实验室中奇怪且陌生的刺激,实验对象往往会感到困惑,难以严肃对待;即便能够严肃对待实验过程,也常常会对线索之间的交互关系保持警觉,不敢轻易尝试用某一线索代替其他线索,导致我们无法观察到代偿运转现象。由此,布式研究的反对者提出疑问:布式研究者如何证明,实验对象对实验室的任务环境足够敏感? 如果他们不敏感,实验室环境和现实环境又有什么本质上的区别?

布式研究者并非排斥实验室研究本身。他们真正反对的是这样的研究:

（1）存在对刺激的属性/特征的特定形式的操控;

（2）同时又在没有对相关假设进行测试的情况下,假设机体对这些属性的变化不敏感。

然而,布式研究又能很好地与以下研究相融:

（1）目的是研究机体适应新的任务环境的方式;

（2）方法是操控环境,并观察机体在适应新生态环境过程中发生的学习行为。

事实上，很多学者都以上述形式开展了布式判断研究。这些研究充分地显示了人们对其任务环境的敏感性，当然，这也提醒了实验人员，要小心对待自己的实验，检查实验中是否存在实验对象对任务环境不敏感的假设。

这其实是一个关于研究者责任心的问题。在布式研究者看来，如果你测试过、证明了人们对于你所改变的那些属性不敏感，那你想改变属性，没有任何问题，大家也不会质疑你所得结论的可推广性。也就是说，你如果要在实验室里进行研究，就要先证明，你的实验室环境和现实环境之间的差别不足以影响实验对象完成任务的能力。

我想，这也是为什么埃贡·布伦斯维克生前难以在学界得到应有的认可。从布式概率功能主义的规则上可以看出，他为人非常严谨，很难容忍各种不够理性或忽视理性的做法，甚至，即使他知道自己的论文晦涩难懂，也绝不为了讨取同行和审阅者的欢心而牺牲表述上的严谨性。这样的风骨，令人敬佩。与此同时，面对本书这一部分内容的读者，可能也会在阅读时遇到障碍——可读性和严谨性往往是此消彼长的，希望大家接受这个事实。

2.3.6　布式原则在判断研究中的应用

虽然不是绝对的学术主流，但判断与决策学领域中仍有不少人是布式理论的忠实追随者。他们将布式理论应用于判断方面的研究，最终发展成为社会判断理论，并影响了很多与其相关的研究分支，比如个体学习、人际冲突与人际学习、认知续线理论、快速节俭启发式等。

1）透镜模型方程

埃贡·布伦斯维克最重要的学术遗产之一，当属前文提到的透镜模型。但透镜模型一开始只是定性理论模型，直到 20 世纪 60 年代，布式研究者们①才逐渐将其量化，形成了透镜模型方程（the lens model equation，LME）。

所谓的透镜模型方程只是一个公式而已。在指定了一组近中线索的情况下，它将成就系数（achievement coefficient），即，标准（环境末梢变量）和判断（机体中心反应）之间的相关系数，进行了分解：

$$r_a = GR_e R_s + C\sqrt{1-R_e^2}\sqrt{1-R_s^2}$$

根据图 2-2 可知：

r_a 是成就系数，即图中关联标准变量 Y_e 和判断变量 Y_s 的成就。

R_e 代表标准可预测性，是标准变量与近中线索的复相关/多重相关（multiple correlation）系数。

R_s 代表认知可控制性，是判断变量与近中线索的复相关/多重相关系数。

G 代表知识，是 Y_e' 和 Y_s' 的相关系数，即，在标准变量线性成分和判断变量线性成分之间做相关。基于近中线索进行标准变量的线性回归，可以预测 Y_e' 的值；基于近中线索进行判断变量的线性回归，可以预测 Y_s' 的值；然后两者做相关，即得到 G。

C 代表残差相关，是 Y_e-Y_e' 和 Y_s-Y_s' 的相关系数，即，在标准变量非线性成分和判断变量非线性成分之间做相关。

环境和机体这两个系统的线性可预测性，是可以分别用 R_e 和 R_s 来表示的。如果两个系统对近中线索都不存在稳定的非线性或结构性依赖（nonlinear or configural dependence）——这是一个通常都能满足的假设，

---

① 主要贡献来自三篇文章，首先是：HURSCH C J，HAMMOND K R，HURSCH J L. Some Methodological Considerations in Multiple-Cue Probability Studies[J]. Psychological Review，1964，71：42-60.之后是：HAMMOND K R，HURSCH C J，TODD F J. Analyzing the Components of Clinical Inference[J]. Psychological Review，1964，71（6）：438-456.最后是：TUCKER L R. Alternative Formulation in the Developments by Hursch，Hammon，and Hursch，and by Hamoond，Hursch and Todd[J]. Psychological Review，1964，71：528-530.

暗示 C 近乎零——那么 R_s 就能表达一种稳定性，即，判断者实施了其判断中的系统性成分。因此，这个 R_s 指数被称为"认知控制"（cognitive control）指数①。

在相同的假设下（C 近乎零），G 则表达了一种相关性的程度，即，判断者的表现中存在的系统性成分，与任务环境中的系统性成分，到底在多大程度上是相关的。因此，G 可以被称为"知识"（knowledge）指数。透镜模型方程表明，如果人所具备的知识是完美的（$G=1$），那么成就本身便只会受限于两种稳定性，即该知识被使用的稳定性（R_s），以及任务环境的稳定性（R_e）。

透镜模型方程的出现，使得布式研究有了标准化工具。各类研究如同雨后春笋一般涌现出来，例如对临床判断的研究②。

2）个体学习

根据布式理论，末梢变量的属性只能通过近中线索以概率的形式进行推断，而机体必须进行这种推断以适应环境。这就带来了一个问题：人是如何学习事物之间的概率性关系（probabilistic relationships）的？

为此，布式研究者们提出了多重线索概率学习（multiple-cue probability learning，MCPL）的范式。

在多重线索概率学习研究中，实验对象要仔细检查每个线索数值的性质，预测标准变量的数值。如果是一个采用结果反馈（outcome feedback）的研究，实验对象在完成任务后，会立刻被告知正确的标准变量是多少，他们必须通过多次的实验学习线索-标准之间的关系。学者们在实验中发现，人通过结果反馈进行学习，速度是非常慢的，受限颇多；而通过认知反馈（cognitive feedback）进行学习，速度会快很多。认知反馈可被拆分成：

---

① HAMMOND K R, SUMMERS D A. Coginitive Control[J]. Psychological Review，1972，79：58-67.

② HAMMOND K R, HURSCH C J, TODD, F J. Analyzing the Components of Clinical Inference[J]. Psychological Review，1964，71：438-456.

（1）任务信息，比如关于线索-标准关系的信息；

（2）认知信息，比如关于线索-判断关系的信息；

（3）功能有效性信息，比如 r_a、G、C 等。

在认知反馈中，任务信息部分在提升实验对象任务表现上更加重要。人们会利用结果反馈测试许多先验假设。这些先验假设主要包括：

（1）组合各类线索的规则；

（2）给不同线索所赋的权重值；

（3）线索-标准之间函数的形状[①]。

况且，人们是按照一种固定的顺序来测试自己的先验假设的。这就成功地解释了为什么依靠结果反馈的教学总是收效甚微。当正确假设处在假设等级体系的低位时，学习速度就会很慢。事实上，如果受任务条件影响，实验对象预先接受了某个处在高位的错误假设（比如某个无法绝对拒绝假设的概率反馈），那么他很可能根本找不到正确的线索组合规则，也找不到线索-标准函数。

除了在解释方面的价值，多重线索概率学习还被用于研究概念形成过程、假设检验、信息收集、规则发现等问题。这一切都离不开布式判断研究者们的贡献。

3）人际冲突和学习

大多数对冲突（conflict）的心理学研究都认为，冲突的根源是动机性的（motivational），是源于不同的人所需要得到的东西不同，或期望获得的报偿有差异。而布式研究者则认为，冲突也有其认知上的原因，也就是

---

① BREHMER B. Hypotheses about Relations Between Scaled Variables in the Learning of Probabilistic Inference Tasks[J]. Organizational Behavior and Human Performance，1974，11：1-27.

说，即使大家享有相同的目标，但是对所处情况和所应采取行动的评估，人与人之间也是存在差异的。为了研究认知冲突，肯尼斯·哈蒙德提出了人际冲突范式（interpersonal conflict paradigm）[1]。

在人际冲突范式研究中，实验往往分为一个训练阶段和一个冲突阶段。在训练阶段，两位实验对象被分隔开来，在多重线索概率学习任务中学习如何以不同的方式使用同一线索进行判断；在冲突阶段，他们会被放到一起，学习通过达成一致来进行下一步的判断。两人会被相同的欲望激励，力图做出精确的判断，但是他们在训练阶段接受了看待事物的不同方式。此时两人之间的冲突通过一种差异表现出来。这种差异存在于他们在冲突阶段的每一次实验中所做的初始判断之间，当他们开始努力达成一致，差异就出现了。

除了被用于推进对认知冲突的研究，人际冲突范式还被用于研究人际学习的类型。所谓人际学习，就是一个人从另一个人那里学习到完成任务所需的技巧。研究此过程的范式，被称为人际学习范式（interpersonal learning paradigm）[2]。学者们在人际冲突范式研究中增加了第三个阶段，实验对象再次被分隔开来，每一个人都被要求进行新的判断，并且要预测另外一个人对相同问题的反应。这样我们就能知道他学习到了关于另一个人的哪些内容，以及他从另一个人身上学习到了哪些内容。人际学习范式研究的社会本质，将社交因素注入了社会判断理论，属于布式研究的分支。

透镜模型方程常被用于对两个人的判断相关性进行分解。学者们发现，即使两个人在原则上彼此认同（agree in principle），即 $G=1$，$C=0$，还是不能在具体的问题上认同对方，除非双方的判断战略能够保持足够的

---

[1]　HAMMOND K R. The Cognitive Conflict Paradigm[M]//RAPPOPORT L, SUMMERS D A. (eds). Human Judgment and Social Interaction. New York: Holt, Rinehart and Winston, 1973: 188-205.

[2]　EARLE T C. Interpersonal Learning[M]// RAPPOPORT L, SUMMERS D A. (eds). Human Judgment and Social Interaction. New York: Holt, Rinehart and Winston, 1973: 240-266.

稳定。可见，认知冲突不只源于判断战略不同，也源于每个人在执行自己的判断战略过程中难以实现绝对的稳定和一致。后来的研究发现，就算其中一个人可以快速减少与另一个人之间的系统性差异，他们之间仍然会存在冲突，原因在于在原则上彼此认同还是不够的①，哪怕彼此的差异已经稳定在较低的水平上。

许多多重线索概率学习研究还通过操控影响因素，对更多的关键指标进行了检查，比如任务一致性、线索的生态效度、线索-标准函数形式、线索相互关联性、沟通的程度、小组过程处理的程度等。

4) 认知续线理论

前述 3 个研究方向，都直接对社会判断理论的发展做出了贡献，但受到埃贡·布伦斯维克思想启发的研究还有很多，比较突出的两项研究是认知续线理论和快速节俭启发式。

布式研究者为了解释认知过程和任务环境之间的关系，提出了认知续线理论②，旨在超越"不同任务环境引发了不同认知过程"这一类简单的观察。首先，不同的认知模式（直觉和分析）是连续的统一体，不是分隔和断开的；其次，任务本身也是一种类似的连续统一体，什么样的任务，就会引发什么样的认知模式。

这显然是与布式理论一脉相承的，因为埃贡·布伦斯维克曾试图区分感知和思考③。认知续线理论则基于对布式研究的理解，把认知模式分为直觉和分析。

---

① HAMMOND K R, BREHMER B. Quasi-Rationality and Distrust: Implications for International Conflict[M]// RAPPORT L, SUMMERS D A. (eds). Human Judgment and Social Interaction. New York: Holt, Rinehart and Winston, 1973: 338 – 391.

② HAMMOND K R. Human Judgment and Social Policy: Irreducible Uncertainty, Inevitable Error, Unavoidable Injustice[M]. New York: Oxford University Press, 1996.

③ 这也是比较复杂、难以在本书中详细阐述的理论，有兴趣的读者可以参考：BRUNSWIK E. Reasoning as a Universal Behavior Model and a Functional Differentiation Between "Perception" and "Thinking"[M]// HAMMOND K R. (eds). The Psychology of Egon Brunswik. New York: Holt, Rinehart and Winston, 1966: 487 – 494.

在判断与决策任务中，直觉，被认为是不确定性联动战略（uncertainty-geared strategy），具有相对较低的认知控制水平和意识觉察，但是信息处理速度较快；而分析则与之相反，是确定性联动战略（certainty-geared strategy）。认知续线理论认为判断和决策涉及很多认知元素，有一些是直觉性的，有一些是分析性的，有时只涉及其中一种，有时则是两者的混合。所以纯粹的直觉或分析，都只在一条线的两端，属于极端情况，而大部分的判断和决策所涉及的模式是处于线条中间位置，即准理性的（quasi-rational）。人们在进行日常判断和决策时，存在一个认知续线指数（Cognitive Continuum Index，CCI），可以表示其判断战略在线条中的位置。同样，每一种任务或任务集合都具有任务续线指数（Task Continuum Index，TCI），也用于表明其在线条中所处的位置。总的来说，极端的理性分析和极端的直觉判断很少见。

相关实验已经证实了认知续线理论的假设，而且表明分析性认知并不总是优于直觉或准理性认知的。因为不管怎样，能够用语言、符号、数学、分析形式来仔细推演的知识只占人所具备的知识总量的一小部分而已，所以分析过程本身是受到极大限制的。如果某人根据任务的要求调整了其认知模式，这种调整所造成的影响，可以用一个系数 r_a 来表示，即 $|TCI-CCI|$，两者差值的绝对值。

5）快速节俭启发式

格尔德·吉仁泽（Gerd Gigerenzer）诉诸社会判断理论的布式理论源头，对布式理论的特定方面进行了重新考量，提出了不少新的理论。

小知识

格尔德·吉仁泽

格尔德·吉仁泽（1947—　），出生于巴伐利亚的瓦勒斯多夫，著名的德国心理学家,对有限理性的应用以及决策中启发式的研究贡献颇多。他曾任德国马克斯·普朗克人类发展研究所(Max Planck Institute for Human Development)所属的适应性行为与认知中心(Center for Adaptive Behavior and Cognition,ABC)主任,以及哈定风险知识中心(Harding Center for Risk Literacy)主任。吉仁泽曾于 20 世纪 90 年代与特 & 卡就认知偏差问题"隔空大战",双方你来我往,在重要的学术期刊上相继发表了针对性极强的文章,被称为理性战争(the rationality wars)。可惜阿莫斯·特沃斯基 1996 年去世,不然我们还能看到更多精彩的讨论。

首先,吉仁泽注意到,埃贡·布伦斯维克一直强调机体行为的适应性,但这种适应性中只包含判断的精确度(accuracy of judgment),却没有包含对有限信息的使用速度和使用能力等方面的内容。

其次,他发现,虽然埃贡·布伦斯维克认为应该用线性回归来表示代偿运转,但只依靠线性回归是不够的。线性回归忽视了对线索的搜索、停止寻求线索的决定、某些线索可能代替其他线索的方式等相关内容。

最后,吉仁泽认为,埃贡·布伦斯维克直到晚年才开始接受构建心理过程模型的目标,但始终将其置于不太重要的位置。基于对心理过程建模的重视,吉仁泽和他的同事们一起,再次对线性回归作为判断过程模型的可信度提出了质疑。

他们提出,人类有一整套的特定域启发式(domain-specific heuristics),不但在计算上是非常简单的——具有"快速"(fast)的特点,而且对信息的要求很低——具有"节俭"(frugal)的特点,能够让人在信息有限的情况下快速做出决定,同时又不过分降低判断精确度。

节俭,其本意是指做人比较节省,吃得不多,穿得朴素。在计算机领域,节俭,意味着在执行运算时所需要耗费的内存、资源、能量较少,也就是我们常说的"比较经济",所以它本身是重要的计算特征,表达一种"对现有计算资源充分利用"的含义。

实验证明，在信息受限时，这种快速节俭启发式（fast and frugal heuristics）确实有较高的精度，而且在信息更多的情况下，更多的知识（G）反而会让精确度下降。另有实验证明，多重回归才是最精确的，埃贡·布伦斯维克当初设定的线性回归精度不够。如果我们设定，一个人判断和决策的战略在多种环境下可以保持一致，那么，能够在这些环境中始终保持较高精确度的是简单的启发式，而不是那些需要更多信息和计算过程的决策法则①。

总的来说，关于快速节俭启发式的研究，与特 & 卡关于启发式和偏差的研究非常相似，双方都认为人类会使用启发式进行判断和决策，也都同意分析出人在何种条件下使用启发式是非常重要的。但双方也存在一定的分歧。

首先，快速节俭启发式项目，与启发式和偏差项目相比，对启发式本身的定义有所不同。吉仁泽一方认为，启发式是人的大脑利用环境中的信息结构实现合理决策的方式；相比之下，在吉仁泽眼中的特 & 卡所持有的观点是，尽管人们知道使用启发式就很难有上佳的表现，但人类有限的头脑还是常常使用这种不可靠的助力。所以，从吉仁泽一方的立场上来看，启发式与偏差项目研究者们对启发式的描述是不准确的。

其次，吉仁泽一方认为，他们对启发式的定义，可以使之具备精确的计算性，而支持特 & 卡的学者们对启发式的描述是非常模糊的。

另外，吉仁泽评价的是启发式的表现，而不是基于通信的标准（correspondence-based criteria），即精确度。相比之下，启发式与偏差项目研究者们常常更加重视连贯性标准，比如，他们非常在意受试者是否遵

① GOLDSTEIN C G. How Good are Simple Heuristics? [M]//GIGERENZER G, TODD P M, THE ABC RESEARCH GROUP (eds). Simple Heuristics that Make us Smart. New York: Oxford University Press, 1999: 97-118.

循概率法则。关于通信与连贯的区别,请参考《不止于理性》一书。

除了认知续线理论和快速节俭启发式之外,适应性决策者(adaptive decision maker)研究也是社会判断理论的研究分支①。这三个分支的目标是相同的:

(1)对于人们所用的全套判断与决策战略,要对其种类特征进行更好的描述;

(2)明确促成人们使用不同战略的任务条件;

(3)评估在某一特定任务环境中使用一种或另一种战略的后果。

当然,前两个分支强调的是基于通信的标准,而适应性决策者研究强调的是连贯性标准。在这一点上,后者更接近启发式与偏差项目研究,使用主观期望效用和赋权相加的法则。

2.3.7　与其他判断与决策方法的比较

1）相似的认识,迥异的应用

社会判断理论的研究方法,与判断与决策学的其他研究方法,既有相似之处,又有所区别。与之相比,差异较为明显的,当属特 & 卡一派的启发式与偏差研究。他们的异同点,体现在多个方面。

首先是对不确定性的认识方面。埃贡·布伦斯维克认为,机体必须在环境中实现功能,但机体不可能拥有完美的判断精确度,也不可能每次行动都有效。而追随冯·诺依曼和摩根斯坦、在 20 世纪 40 年代研究优选问题的学者们认为,人生就像一场赌博,不确定性是绕不开的判断因素,所以由此而来的启发式与偏差项目,本质上就是"不确定状况下的判

---

① PAYNE J W, BETTMAN J R, JOHNSON E J. The Adaptive Decision Maker[M]. New York: Cambridge University Press, 1973.

断研究"。也就是说，推崇埃贡·布伦斯维克的学者与推崇冯·诺依曼和摩根斯坦的学者都持有这样的观点：在判断与决策过程中，不确定性是非常重要的。但是，布式研究者是沿着埃贡·布伦斯维克的思路来构建概率模型的，而其他研究者们在挑选概率性和确定性模型时，变化比较大，缺乏一致性。所以，本质上这是"品味"的问题，而不是其他的研究者故意避免使用埃贡·布伦斯维克的概率模型。

其次是对任务环境和代表性设计的重视程度方面。大家都认为任务环境很重要，布式研究者认为任务环境必定会影响判断精确度和心理过程，而启发式与偏差项目研究中的学者们在研究早期不太重视任务环境，只是近些年才逐渐重视起来的。在应用方面，双方的观点是不一致的。布式研究者认为，正因为机体对任务环境敏感，所以必须执行代表性设计，而启发式与偏差项目研究中的学者对此并不那么执着[1]。尽管后者是部分认同代表性设计的合理性的，但没有将其采纳为普遍原则来指导实验。

2) 差异产生的原因

社会判断理论与其他研究方法存在差异，其原因是多方面的。

a. 精确度/通信 vs. 理性/连贯性

首先，我想先说一下概率模型的问题。布式研究一贯强调的，是成就的概率本质，即，成就本来就是概率性的。而埃贡·布伦斯维克又曾公开承认，一个人对特定线索的反应是基本确定的。那么，在这个问题上，到底是使用概率性还是确定性模型，就取决于一个更基本的问题：我们应该如何判定"一个人的目标被更好地实现了"？方法有两种，一种是按照特定的标准来检查其反应，另一种是将其反应与环境关联起来。很显然，布式研究者通常会采用后者。

---

① KAHNEMAN D, FREDERICK S. Representativeness Revisited: Attribute Substitution in Intuitive Judgment [M]//GILOVICH T, GRIFFIN D, KAHNEMAN D. (eds). Heuristics and Biases: The Psychology of Intuitive Judgment. Cambridge: Cambridge University Press, 2002: 49 - 81.

社会判断理论和启发式与偏差研究者们都认为判断与决策的质量 (quality) 很重要。但究竟应该怎样评判质量,他们有着不同的看法。

布式的功能主义立场,使得社会判断理论更重视判断的适应性(在吉仁泽的研究出现之前,它只被单纯地理解为判断精确度),即,社会判断理论更关注能否找到一个标准(criterion)或定义一个标准。所以,他们常常做"政策捕获"(policy capturing)的工作,而不是在规范性模型的公式中寻求"理性的"标准。显然,他们偏爱概率性模型。

而其他领域的学者们,通常是从冯·诺依曼和摩根斯坦的优选问题研究起步的,启发式与偏差研究就是脱胎于此。他们常常针对一个独特的事件,检查人们的概率判断反应。"偏好选择"和在单一事件中的"概率判断"等变量,很少能吸引他们去寻找外部的标准。也许对他们来说,在标准缺失的情况下,最自然的选择就是那些符合连贯性和一致性的标准,比如期望效用理论和贝叶斯定理。这些"理性的"标准,成为衡量人们判断和选择的尺子。因此,当需要检查人对特定刺激的反应时,出于对理性、逻辑性、连贯性、一致性、规范性的偏爱,他们自然更喜欢使用确定性模型,而非概率性模型。

启发式与偏差研究总能发现人的非理性,毕竟他们总用计算能力强大的计算机和数学模型来与人的行为进行比较;而社会判断理论研究,却总是得出这样的结论:人在判断与决策中的精确度非常高。肯尼斯·哈蒙德曾指出,这两种结论其实并不矛盾,因为连贯和通信的标准常常是独立的[1]。通信能力强不强,往往跟连贯能力强不强没有关系。换句话说,一个人,有可能是非常不理性的人(连贯能力差),但是判断精确度很高(通信能力强);也有可能非常理性(连贯能力强),但判断精确度很低(通信能力差)。

---

① HAMMOND K R. Human Judgment and Social Policy:Irreducible Uncertainty,Inevitable Error,Unavoidable Injustice[M]. New York:Oxford University Press,1996.

b. 环境适应 vs. 因果过程

启发式与偏差研究者们对布式理论中代表性设计的心态是矛盾的,他们部分地同意布式观点,即,心理学的目标在于阐述"机体如何在其所处的环境中调整自己并完成重要任务"。但他们认为,心理学研究还有其他的目标,而那些目标与代表性设计是冲突的。比如,研究者可能想知道,除了那些环境条件的典型性之外,一种效应(或影响因素)"是否可以"被创造出来,以及/或者"可以在哪种条件下"被创造出来。更进一步讲,他们还想探索效应背后的因果过程(causal process):从潜在原因或影响因素中识别出真正的原因,可能需要将本来交织在环境中的诸多变量分离出来,但是这种对变量的重构会改变心理过程。

双方都很关注对人类心理过程的研究,但双方在"到底在什么水平上描述心理过程是合适的"以及"与其他科学目标相比,发现心理过程本身应该被重视到什么程度"的问题上认识不同。启发式与偏差研究领域的专家们更喜欢一种详细的过程描述,而社会判断理论研究领域的专家们更愿意用数学模型来描述各种同质异型的信息组合。

而且,社会判断理论研究者们继承了埃贡·布伦斯维克反对专门强调内部过程的倾向。埃贡·布伦斯维克认为,单纯研究机体根本无法帮助我们了解机体在功能上是如何适应环境要求的。这也就暗示着,认知过程研究不应当忽略任务环境。但埃贡·布伦斯维克在这方面又是很矛盾的,因为他曾多次强调对末梢-中心关系的研究。代偿运转的内部认知过程是稳定的,即,该过程生出了中心变量和末梢变量之间稳定的关系;然而,该过程本身又是不稳定的,即,其展现出了灵活性和多样性。因此,内部认知过程很难研究。埃贡·布伦斯维克最终确实认可了代偿运转,但是他在排序时将其置于成就研究之后。

相比之下,启发式与偏差领域的研究者们把主要工作放在了对心理过程的研究上,其次才是寻找引发非理性的条件。这种倾向,与其研究起源是密切相关的。埃贡·布伦斯维克曾与新行为主义（neobehaviorism）发生过关联，而启发式与偏差项目的研究方法出现于美国心理学界逆向潮流兴起的年代。当时的美国心理学家拒绝了行为主义单纯强调行为外部环境的做法，转向了内部过程研究。不管怎样，对因果过程以及引发各类效应的条件的研究，使得启发式与偏差领域学者更加远离了代表性设计的思路。

c. 判断错误 vs. 判断充足

最终启发式与偏差研究者们越来越强调认知过程，认为其重要性远远超过了环境适应性，这导致其与社会判断理论学者之间的差异愈加明显。前者对心理过程的研究热情，产生了方法学上的研究实践，他们试图引发出实验对象的非理性，因为非理性行为可被当成心理过程的诊断特征。启发式与偏差研究者们选择将注意力放在"寻找人类的判断错误并对其进行分类"的工作上，如何定义判断的精确性也早已不再是他们研究和讨论的主要内容，自此之后，启发式与偏差研究方法便成为判断与决策领域中最常见的方法，而社会判断理论逐渐式微。

2.4 来自爱因斯坦诺奖论文的"启发"：快速节俭启发式研究的方法

2.4.1 他们对启发式的定义

启发式（heuristic）一词，其希腊语的本意是"帮助找出或发现"。阿尔伯特·爱因斯坦（Albert Einstein）曾在让自己获诺贝尔奖的论文题目中使用了 heuristic 一词，用以形容"因受到知识上的限制而不够完整、但又非常有用的"一个观点[①]。该词的常见中文翻译包括：启发力、捷思法、助

---

① HOLTON G. Thematic Origins of Scientific Thought [M]. Cambridge, MA: Harvard University Press, 1988.

发现法、策略法、启发法。在心理学领域，将其翻译为"启发式"或"启发法"的著作颇多，所以我在本书中采用了"启发式"的译法。

简单地说，一个启发式就是一个规则（rule）；但这句话反过来说是不对的，因为一个规则未必是一个启发式。在快速节俭启发式研究项目的学者们看来，启发式通常具备以下3种性质。

（1）启发式善于利用机体进化出来的能力。

启发式一定是与机体在进化中学习到的能力相关的，而且这种相关非常简单，具备本质上的关联性，无需复杂的后期开发过程。棒球场上的接球手，如果要准确接住来球，会在跑动的同时始终保持视线与来球的夹角恒定，这就是一种启发式，学者们称之为凝视启发式（gaze heuristic）。凝视启发式对人来说非常简单，而且是深入骨髓的简单，内化在人类进化得到的基本能力之中，但要将其功能刻入机器人的芯片之中，即要研发出一个具备接球能力的机器人，就比较困难了。

启发式帮助人们进行快速、节俭、易懂、稳健的判断。前文已经讲过快速和节俭的含义。此处的易懂（transparent），指的是非常容易理解，可以直接教给一个新手。而此处的稳健（robust），指的是启发式可以被推广应用到新的场景之中，能够始终保持其功能。也就是说，启发式所利用的是人类固有的或者学习到的认知与运动过程，而快速、节俭、易懂、稳健等特征，令其本质上是简单的（simple）。

（2）启发式善于利用环境的结构。

启发式的本质不是逻辑性的（logical），而是生态性的（ecological）。生态理性（ecological rationality）意味着启发式无所谓好与坏，无所谓名义上的理性与非理性，而是单纯与环境相关。它能利用环境结构，或改变环境。

在某种程度上，所有的启发式是针对特定域的（domain-specific），用于解决特定类别的问题。比如凝视启发式，不管是打篮球还是丢回旋镖，它都会被用于同一类别的场景。也就是说,进化得来的能力使得启发式是简单的,而环境的结构让它变得智能(smart)。

(3) 启发式不是"虚拟"优化模型。

机器人通过计算飞行物的轨道方程来保证抓取动作的准确性,这属于最优化(optimization)过程。如果用这种模式来解释人类行为,就是"虚拟"最优化(as-if optimization)过程。单纯从结果上来说,人类利用凝视启发式所取得的结果,与机器人通过解轨道微分方程而取得的结果,是相同的,都是成功抓取到了飞行物。站在后者的角度,看起来就好像是人快速解出方程而实现了目标。

虽然有时候人类确实会在无意识的状态下进行测量和计算,但是在大多数实际过程中,"虚拟"最优化模型并没有出现。启发式与其相距甚远。利用好的启发式模型,人可以实现"虚拟"最优化模型无法完成的预测。

总之,对一个启发式来说,其模型就是一个规则,这个规则描述的是人类解决问题的真实过程,而非结果。

2.4.2 有限理性

如果人的理性(rationality)是无限的,那么任何人都能获取全部相关信息。如果人类获得了所有的信息,其行为方式必然与现实世界中的人类差异巨大。著名的诺贝尔奖获得者,赫伯特·亚历山大·西蒙(Herbert Alexander Simon)创造了有限理性(bounded rationality)一词[①],令学者们重新站在真实人类的角度上思考问题(关于西蒙和有限理性的介绍,详见《不止于理性》)。

所谓"有限的"(bounded),本意是"有边界的",指的是环境中存在的

---

① SIMON H A. A Behavioral Model of Rational Choice[J]. Quarterly Journal of Economics, 1955,69:99-118.

约束条件，比如人类有限的记忆力，比如能够为信息获取而付出的成本。有限理性的概念与三类研究项目有密切关联。

(1) 约束条件下的最优化(optimization under constraints)研究；

(2) 认知幻觉(cognitive illusions)研究；

(3) 快速节俭启发式研究。

如果在"虚拟"最优化过程中增加约束条件，就等于在进行约束条件下的最优化研究。比如，我们给某位接球手增加一个时间上的限制，规定他必须在某个特定的时间内完成一定数量的接球行为，这就成了一个"虚拟"最优化研究项目。有很长一段时间，该研究被人贴上有限理性的标签，导致不少学者误以为有限理性和无限理性其实没有什么区别。西蒙曾经以夹杂着愤怒和幽默的语气说，他要状告那些误解了他的作者，因为那些人滥用有限理性的概念，捏造出了更多不符合现实的人类思维模型。

站在反对最优化的角度，认知幻觉研究的目的正是向大家展示，最优化研究项目是不具备任何描述有效性的。认知幻觉研究认为，人类的判断与决策，并不符合概率模型的规则，也不符合期望效用最大化的要求。该领域的学者们发现了一大堆所谓的认知缺陷，为人类偏离规范性标准的行为列出了长长的名单，强调人类的非理性，而不是理性本身。他们的基本假设是，这些偏离规范标准的行为可以揭示其背后的认知过程。

以西蒙所持的立场来判定，我觉得他本人应该不会支持上述两类研究。他对理性的理解是生态性的，认为其是思维与环境的匹配。为此他有一个著名的比喻：人类的理性行为是由一把剪刀塑造的，其中一边的刀刃是任务环境的结构，另一边的刀刃则是行为人的计算能力[①]。如果你只

---

① SIMON H A. Invariants of Human Behavior[J]. Annual Review of Psychology，1990，41：1-20.

看到一边,就无法充分理解人类思维的运作方式,因为残缺的剪刀完成不了其应有的功能。

2.4.3　启发式的模型

一个启发式的模型,需要满足 3 个要求:

(1) 必须是一个过程规则;

(2) 要明确该规则所能利用的能力,且必须是简单的;

(3) 要明确该启发式所能解决的问题类型,即在怎样的环境结构中才能成功。

后面的两个要求,构成了西蒙的剪刀。西蒙提出的满意(satisficing)模型就是启发式模型之一[①](详见《不止于理性》)。阿莫斯·特沃斯基也提出过自己的启发式模型[②]。早期的启发式研究,都是没有所谓"成功"的外部标准的。启发式的精确度,其标准都是典型的内部标准。比如,受试者是否使用了所有的信息。因为没有外部标准来衡量精确度,启发式的强大能力是无法展现出来的。这导致很多学者认定启发式最终只能带来不理性,产生次优选择。

2.4.4　适应性工具箱

1999 年,吉仁泽等人提出了适应性工具箱(the adaptive toolbox)的概念[③]。对于他们所立足的快速节俭启发式的研究,因前面章节中已有介

---

① SIMON H A. Models of Bounded Rationality[M]. Cambridge,MA：MIT Press,1982.

② TVERSKY A. Elimination by Aspects：A Theory of Choice[J]. Psychological Review,1972,79：281 - 299.

③ GIGERENZER G,TODD P M. Fast and Frugal Heuristics：The Adaptive Toolbox[M]// GIGERENZER G,TODD P M,THE ABC RESEARCH GROUP. Simple Heuristics That Make Us Smart. New York：Oxford University Press,1999：3 - 34.

绍,此处不再重复。

适应性工具箱的使用基于以下3个前提:

(1)心理可行性。适应性工具箱的目标是理解机体是如何做出决策的,而不是去探讨时间、精力、记忆力无限的情况下人类怎么实施行为。也就是说,在心理过程上,它必须是可行的。

(2)针对特定域。适应性工具箱集合了一些具有特殊用途的启发式,它们不像主观期望效用理论那样具有通用性。

(3)生态有效性。因为是针对特定域的,所以适应性工具箱的合理性不是体现在最优或一致性方面,它只体现在对环境结构的适应程度上,包括物理环境和社会环境。如果适应,就是成功,否则就是失败。对启发式与环境结构之间匹配性的研究,就是对生态有效性的研究。

适应性工具箱的功能在于提供认知、情绪和社会方面的战略,它们可以快速地、节俭地、精确地做出决策,实现各种目标。但适应性工具箱绝不是通过确保一致性或最优化来完成任务的。在吉仁泽看来,一致性和最优化的重要性被高估了。

适应性工具箱中有各种启发式,这些启发式是由不同的模块构成的。这些模块具有3种功能:给出搜索方向、终止搜索、做出决策[①]。

1) 搜索规则

人类的搜索行为体现在两个维度上:要么是对选项或选项的集合进行搜索,要么是对用于评价选项的线索进行搜索。西蒙的满意性模型是对选项的搜索,而对于后者,早期的研究者常常将其忽略。快速节俭启发

---

① 吉仁泽,泽尔腾. 有限理性:适应性工具箱[M]. 刘永芳,译. 北京:清华大学出版社,2016.

式就是对线索的搜索。这样,满意性模型+快速节俭启发式,就完成了对两个搜索维度的模型构建。

2) 终止规则

对选项和线索的搜索,必须在某一点上停止。因为不是约束条件下的最优化研究,就无需计算最佳成本-收益权衡的终止规则,而是使用非常简单的标准。在西蒙的满意性模型中,只要发现第一个不低于目标的选项,搜索就终止了。在另一位诺奖得主莱茵哈德·泽尔腾(Reinhard Selten)的志向适应理论(Aspiration Adaptation Theory)模型中[①],每个目标的志向水平是不同的,未必需要共同的衡量标准来评价和引导。在线索的维度上,有很多简单的启发式,比如采纳最佳启发式、采纳最近启发式,都可以利用终止线索搜索的简单规则,在人们发现了第一个选项的第一条线索时,搜索就终止了。

 小知识

莱茵哈德·泽尔腾

莱茵哈德·泽尔腾(1930—2016)出生于当时归属德国的布莱斯劳(二战后划归波兰,如今该地更名为弗罗茨瓦夫),是著名的经济学家,从事博弈论及其应用、实验经济学等方面的研究,是子博弈精炼纳什均衡理论的创立者,1994 年因对非合作博弈理论中均衡分析的贡献获得了诺贝尔经济学奖。

虽然泽尔腾的主要贡献在博弈论领域,但他在早期就接触到了决策理论,曾试图将其应用于厂商理论研究(Theory of the Firm)。后来,他接触到了西蒙的论文,试图构造一个有限理性多目标决策理论。他从 1984

---

① SELTEN R. Aspiration Adaptation Theory[J]. Journal of Mathematical Psychology, 1998, 42(2-3): 191-214.

年起在波恩大学工作,始终都在进行有限理性的决策理论和博弈理论方面的研究。

3) 决策规则

传统的判断与决策模型,往往是忽视前两个规则,只关心决策规则。但是没有证据表明,人类能够在大量线索面前完成复杂的运算。规范性模型研究的学者们常常有一种误解,认为较少的运算和信息就等同于较低的精确度。理性模型依赖于加权和求和,而简单的线性模型无需最优化加权,遵循使用单一理论进行决策的规则,其启发式根本无需求和。在很多情况下,人类甚至无需在简捷性和准确性之间进行权衡,因为目标之间存在不可公度性,而线索之间的不可公度性是最优化模型无法处理的。

2.4.5　生态理性

要理解有限理性,必然绕不开生态理性(ecological validity)。传统的理性定义关心的是信念和推断的内部有序特征,比如一致性。而人们常常只利用单一的理由进行决策,主动或被动地忽略大量信息,由此,传统的学者就常常因为这种简单天真的做法而认定其很难通过所谓的合理性检验。

问题是,生态理性根本不关心传统定义中的内部标准,而是关心策略与环境之间的匹配。匹配与否,显然只与结构属性有关,匹配于特定环境的启发式可以保证机体在生态学意义(或者说进化的意义)上是理性的。匹配的程度决定了启发式的精确度。环境越是杂乱无章,信息越是匮乏,简单的启发式就越好用。

所以,我可以直接把启发式的成功解释为上述 2 个特性的成功:

（1）对环境结构的利用能力强;

（2）对不同环境的可推广性强。

前者强调对环境的匹配,后者强调其耐用性。快速节俭启发式能够减少计算成本,避开应用统计过程的巨大耗费。原本需要在推广前进行拟合的过程,往往因为旧有环境参数过多导致拟合过度,而这肯定会阻碍推广过程。简单地说,与旧有环境拟合度越高,对新环境的预测性就越差,错误率就越高,且计算成本也会变高。因此,快速节俭启发式能在免除复杂统计的情况下给出更耐用、更容易推广到新环境的预测。

除了能适应与进化论高度贴合的自然环境,快速节俭启发式研究者们还需要开展针对社会环境的社会理性研究。在这个层面上,能否创造和维持社会结构及其合作关系,也将成为评价决策目标实现程度的标准之一。社会理性的目标至少包括透明性、公平性、可说明性等内容。由此,适应性工具箱所包含的各类快速节俭启发式,就能被推广到利用社会规范等有限理性策略的社会理性领域中去了。

2.5 丹尼尔·卡尼曼的"快""慢"思考: 启发式与偏差研究的方法

2.5.1 启发式与偏差研究的起源与热潮

丹尼尔·卡尼曼和阿莫斯·特沃斯基于 20 世纪 70 年代首先开始进行启发式与偏差(heuristics and bias,启发式与偏差)研究项目,并在判断与决策学领域掀起了一阵研究热潮。其主要目标是:

(1) 研究人类对不确定性的直觉;
(2) 研究人类在何种程度上与规范性的概率演算相容。

显然，该项目与冯·诺依曼和摩根斯坦开创的优选/偏好选择研究项目一脉相承。启发式与偏差研究在早期就取得了巨大的成功，产生了成百上千的论文和成果，人类行为中大量的启发式与偏差被学者们发现。但后来，吉仁泽等更加重视生态有效性的学者相继提出了质疑，启发式与偏差研究者们逐渐改变了自己的观点，也不断提出新的解释。

因其获得的巨大成功，很多学者都被这个项目吸引，判断与决策学领域的研究队伍也因此壮大了很多。这说明启发式与偏差研究本身的确具备强大的吸引力。为什么这项研究能有如此魅力呢？

第一，所谓的认知革命（cognitive revolution）出现不久，两个针锋相对的学派就出现了。至少在支持的一方看来，启发式与偏差项目及其调查方法符合人类认知范式的原则，也符合认知科学界的信念：人类的行为可以主要用认知的术语来解释，也应该用认知的术语来解释。启发式与偏差项目提供了一种新的实验研究方法学，改进了对认知过程的研究。但同时它也暗藏一种质疑和挑战，所针对的就是学界关于人类认知系统能力及其限制的假设。这就导致启发式与偏差研究不得不去面对一系列关于人类理性的广泛问题。关于理性问题的争论，是由实证研究中体现出来的各种偏差所引起的，但其应用前景并不仅限于心理学领域，最突出的表现，就是它对经济学理论中的"理性人"假设提出了根本性的质疑。

因成功地将心理学研究融入经济学，并在"不确定性对人类判断和决策的影响"方面做出了突出贡献，丹尼尔·卡尼曼获得了2002年的诺贝尔经济学奖。阿莫斯·特沃斯基于1996年去世，若他仍在世，必然会与丹尼尔·卡尼曼共同分享该奖项。这是该奖项首次颁给心理学家，也是第二次没有颁给真正意义上的经济学家：第一次是约翰·纳什（John Nash），他的博弈论研究使得行为学（behavioral science）开始受到关注；第二次是丹尼尔·卡尼曼，他的研究则让世界开始关注特 & 卡共同开创的行为经济学（behavioral economics）。

第二，启发式与偏差项目并非无源之水，它是从之前的调查中进化出来的。那些调查研究为启发式与偏差项目的出现铺好了路，令其得以顺利地继续系统研究人们应对不确定性的方式，特别是人们在多大程度上遵守概率演算的规则。包括沃德·爱德华兹对人们是不是贝叶斯统计学家的研究在内，许多先前的研究早已开始探索人类行为中的统计预测[1]、概率匹配（probability matching）[2]、机会（chance）、运气（luck）、技巧（skill）[3]等问题。特 & 卡质疑了早期的研究内容，并用一种新的连贯性框架进行了解释。

第三，许多偏差看上去都很简单，非常容易理解，可正因为如此，它们的系统性存在才让大家觉得诧异，让大家认为值得研究和探索。对启发式与偏差实验中的受试者来说，他们所犯错误表现出来的不一致性，确实是晦涩难懂的。有些学者就此提出了质疑，认为实验室里所呈现出来的环境，是不足以消除那些被观察到的偏差的。然而，就算是一个非常了解概率论且有能力认真分析和检查实验结果的受试者，也会表现出人类直觉和分析性推理之间的巨大差异。

不管可能存在多么巨大的差异，特 & 卡向人们展现出来的问题是非常明确的。也许这其中充满矛盾，但启发式与偏差项目的巨大成功，离不开对模拟启发式的巧妙运用。2011 年，丹尼尔·卡尼曼出版了他著名的畅销书《思考，快与慢》（*Thinking, Fast and Slow*），他总是能够用非常简单的方式令读者在阅读过程中体会到偏差的存在。我想，这是该书作为学术作品竟然还能成为畅销书，以及启发式与偏差研究项目风靡学术界的重要原因。

---

① MEEHL P E. Clinical Versus Statistical Prediction: A Theoretical Analysis and a Review of the Evidence[M]. Minneapolis: University of Minnesota Press, 1954.
② HAKE H W, HYMAN R. Perception of the Statistical Structure of a Random Series of Binary Symbols[J]. Journal of Experimental Psychology, 1953, 45: 64 - 74.
③ COHEN J. Chance, Skill, and Luck: The Psychology of Guessing and Gambling[M]. Baltimore: Penguin Books, 1960.

2.5.2 概念定义及研究方向

1) 他们对偏差的定义

从名称上就可以看出，启发式与偏差项目其实是将两个模糊的概念结合了起来。

对于"偏差"bias 一词的翻译，我已在《不止于理性》中给出了详细的解释。bias 的本意是用来描述一条倾斜的线，比如正方形中的对角线。它也可以描述倾斜的运动，或非对称的构造。如今在生活中 bias 的常用含义有 2 个。

一是指从标准处偏离，但也可以带着中性色彩，只是描述一种更可能向某个方向偏离的倾向。比如，积极性偏差，也可译为正性偏差，或被心理学解释为慈悲效应（leniency effect），是指人们在评定他人时正面评价超过负面评价的倾向性——此时的 bias，虽然是被理解为"偏差"，但不含贬义，不表示判断错误的含义。更进一步，bias 还可以指一种系统性的、次优的偏离，有时可以直接用"错误"（error）甚至"缺陷"（fallacy）来代替。比如，期望偏差（desirability bias），也有人译为意愿偏差、期许偏差，是指人所具有的对更希望其出现之事给予过高概率估计的倾向，这并非基于证据，而单纯是因为自己希望此事成真而已。此时的 bias，显然含有一种批判和贬义，暗示人们如此的倾向性是错误的、需要改进的。

二是指在某种效应（effect）中作为一种"原因"（cause）而非"偏差"（bias）。在关于判断的心理学研究中，bias 最早并未被当作一种"原因"，而是被当作一种"效应"来看待的，早期的心理学家甚至试图用"启发式"来解释 bias。在很多情况下，bias 被用来对某种现象进行解释，而不是被当成一种需要被解释的现象。比如，在逻辑性任务研究中，有学者认为，演绎推理中的许多错误是可以基于更普遍的"匹配偏差"（matching bias）

来进行解释的[1]。这种匹配偏差指的就是支持语言上与初始表达更相容结论的倾向。又如,确认偏差(confirmation bias),也被人译为确认偏误,是指人会倾向于寻找支持而不是反对某个命题的证据。在对某个假设进行测试的过程中,确认偏差可以被当成一种普遍的战略,可以通过证实而不是证伪过程来完成对该假设的测试:要么就寻找正面而非反面的证据,要么就更有说服力地寻求可被观察到的确定而非否定证据[2]。还有学者会将确认偏差描绘成其机制或类似其机制(比如匹配)的一种普遍结果,这种结果反映出的事实是:不管因为何种原因,人们对于假设本身看上去都是采取更容易保留而非拒绝态度的。

对 bias 的第二种用法,即指代对标准的系统性偏离,或者倾向于一种判断而非另一种判断,本身并不暗示一种特定的解释。偏差,可以是各种认知限制的结果、不同处理战略的结果、感知上各类组织原则的结果、一种利己主义视角的结果、特定动机的结果、情感的结果、认知样式的结果。在启发式与偏差的传统研究中,一般的方法是将 bias 或多或少地当作某些更具普遍性的判断原则的副产品;而那些原则,通常被称为启发式。

2) 他们对启发式的定义

社会判断理论,尤其是快速节俭启发式项目的研究者们对启发式的定义,我已经在前文讨论过了。但启发式与偏差研究领域的学者们更关心的显然是这个单词的不同起源。早在 1945 年,就有学者认为 heuristic(启发式)是一种推理,它不是有最终定论的严格推理,而是临时性的、貌似可信的推理[3],其目的是针对当下的问题寻找解答。他们认为,heuristic 天然带有不完整和易出错的属性,不是一种完整的理论,而是对真理有益的近似。

---

① EVANS J.St. B T. Bias in Human Reasoning: Causes and Consequeces[M]. Hove, UK: Erlbaum, 1989.

② KLAYMAN J, HA Y-W. Confirmation, Disconfirmation, and Information in Hypothesis Testing[J]. Psychological Review, 1987, 94: 211 – 228.

③ POLYA G. How to Solve It: A New Aspect of Mathematical Method[M]. Princeton: Princeton University Press, 1945.

计算机领域也许是最早大规模使用该词的领域，意思是针对一个指定的问题寻找解答，但使用的是经验方法，即，根据实际经验估算，或称为经验法则（rule of thumb）。教育研究领域也会用到这个词。

在心理学中，最早涉及 heuristic 的应该是问题解决（problem solving）研究领域。该领域的研究者们将其当作一种描述性方法，指的是问题解决者（可以是人，也可以是一台人工智能机器）遵循实证原则去寻找答案。这种方法，既有其优势，也存在风险。优势在于，heuristic 会引导问题解决者采用抄近路的方式来实现目标；风险在于，一旦走入死胡同，很难不犯错误。在文献中，它常常与"算法"（algorithms）一词形成对比。算法是明确的、有具体规则的，可以保证结果的正确性；但算法同时也是耗时耗力、不易完成的，常常受到认知资源的限制，在许多情况下会显得不切实际。

特 & 卡在使用 heuristic 时所要表达的是稳定的含义，即从开始到现在，始终没有太大的变化。他们对该词的理解，与问题解决研究领域对它的用法相似：为了应对人类处理能力上存在的限制而采取的一种简化方法。它是容易出错的，通常会帮助人们得出不够精确、但可接受的近似结果。但在某些特定的环境中，它会让人犯错误，而且是系统性的错误。与之相比，规范性的"算法"，则需要人们获取完整的统计学信息，掌握概率论的基本知识，了解规范性的组合规则和贝叶斯定理，拥有基于这些规则进行计算的强大认知能力。

在计算机或问题解决领域，heuristic 常常代表着一种非常明确的战略，虽然偶尔是无法应用的，但大多数情况下并不存在问题。然而，它究竟是否如特 & 卡所说，是人们故意、主动、能够完全控制住的判断启发式呢？如果它真是由人们自主控制的，是否始终保持这种状态，还是只在某些时刻可以受人自主控制？这些问题尚未得到完美的解答，但就丹尼尔·卡尼曼个人的观点来说，他认为 heuristic 背后的机制在本质上是自发性的，并不会在人们对其有意识的情况下运行其功能。

3）对其他术语的定义

关于判断的心理学研究，处在思维心理学和感知心理学研究的中间地带。人类的判断过程，既可能像问题解决（problem solving）过程一样，速度慢，需要经过深思熟虑才能完成；也可能像距离感知（distance perception）过程一样，速度快，可以在瞬间完成，直接得出结论。

在关于思维和感知心理学的研究中，学者们发现人特别容易犯错。在演绎推理（deductive reasoning）研究领域，此类错误被称为谬误（fallacy），也被译为谬见、谬论，指的是由于不正确的推理而产生的错觉或误解（misconception）；如果特指感知上的错误，还被称为错觉（illusion），也被译为幻觉。

中文译法常常是由早期的译者决定的，时间久了，路径依赖形成了，即便早期的译者本人也很难保证某一译法可以适用于不同的学术领域。问题是，大多数读者的理解倾向性一旦形成，再想改变译法就比较困难。实际上，fallacy 一词的本义是指一种信念或想法，它更强调这样一种含义：很多人都认为是正确的，但其实是错的。也就是说，该词本来更接近"误解"的意思。但既然在主流的逻辑学和心理学领域中它常被译为"谬误"，我在本书中也就跟随主流了。

谬误与错觉之间的界线很难划分，学界的基本认识是，前者强调推理中的错误或者推断中的失误，后者强调关于瞬间、自证、直觉层面上的认识错误。如果要引起对过程（process）的关注，那么推理或推断上的意味就更浓一些，比如要研究人们得出某一结论的过程，甚至是获取某一感知结论的过程，就更适合用谬误一词；而如果是要突出关于某事的瞬间的、无法避免的直觉情绪或第六感（gut feeling），就适合用错觉一词。

特 & 卡喜欢将启发式与偏差与感知过程研究进行比较。他们喜欢把认知错觉（cognitive illusions）类比为视觉错觉（visual illusions）。许多格式塔（Gestalt）法则就构成了人类无意的自动处理过程。在这种传统下，我们假定，启发式判断，都是自动完成的，并非由人完全控制的。而谬误常常更直接地指向逻辑上的不一致性。

应用在主观概率判断(subjective probability judgment)研究领域中的错觉(illusion)，并非源于特 & 卡的研究，而是可以追溯到概率论的创始人之一，皮埃尔-西蒙·拉普拉斯(Pierre Simon Laplace)。1816 年，拉普拉斯在他的一本书中用"概率估计中的错觉"(Illusions in probability estimation)命名了一个章节，并在文中告诉读者："人的心智有其错觉，就如同视觉有其错觉一样，需要用反思和计算来进行修正"①。

皮埃尔-西蒙·拉普拉斯

皮埃尔-西蒙·拉普拉斯(1749—1827)，法国著名的概率论和物理学家，他把牛顿的万有引力定律应用到太阳系，是天体力学的奠基人之一，同时也是分析概率论的创始人。他 1799 年担任法国经度局局长，并在拿破仑政府时期做过内政部长。拉普拉斯 1816 年被选为法兰西学院院士，1817 年任该院院长。

1812 年他在《概率分析理论》一书中提出的拉普拉斯变换，直到今天也是工程数学中常用的积分变换之一；其他如拉普拉斯定理、拉普拉斯方程，都是以他的名字命名的。1814 年，坚信决定论的他提出了一种科学假设，认为一个"智者"能够知道宇宙中每个原子的确切位置和动量，使用牛顿定律展开宇宙事件的整个过程。后来该假设被后人称为拉普拉斯妖(Démon de Laplace)，成为著名的学术概念，影响了天文学、物理学、哲学等诸多领域的一代代学者。

---

① LAPLACE P S. Essai Philosophique Sur Les Probabilités[M]. Paris：Courcier，1816.

主观概率（subjective probability）是人们基于每天的生活经验估计得到的概率，它会被人的希望和恐惧放大，而且看上去比单纯的计算结果更容易让人们感觉到紧张。在拉普拉斯看来，主观概率受各类联想（association）原则控制。作为西方心理学中最古老的传统之一，联想主义（associationism）可以追溯到古希腊的柏拉图和亚里士多德的思想。他们认为，联想就是各种观念之间的联系或联结，而人的一切心理活动都能被看作感觉或观念的集合。拉普拉斯认为，对于主观概率来说，最重要的原则就是近邻性（contiguity）与相似性（resemblance）。可以由不断重复来增强的近邻性，在数学上突出的是其连续性，而相似性突出的是外表的近似特征。近邻性与相似性原则，就如同启发式，基本上是可靠的、有用的，但有时也会产生误导。

如此看来，特 & 卡将联想与启发式进行比较，其中并不乏深刻的道理。就拿几个常见的启发式来说，可得性（availability）启发式，可以被视为与重复频率（repetition frequency）相对应，而相似性（resemblance）则对应着代表性（representativeness）启发式。我在后文中会对这类典型的启发式与偏差进行详细介绍。

4) 启发式与偏差的主要研究方向

启发式与偏差研究最早关注的领域是"不确定条件下的预测"和"概率与频率的估计"。它们都与规范性研究不相容，所以，在学者们看来，人们之所以在计算概率时出错，不只因为简单的失误，也不只因为可能缺乏所需的技巧，而是因为人们根本就没有使用数学家们认可的那些规范性方法。

寻找偏差的研究很快被推广到整个判断与决策学领域，产生了一系列的决策偏差（decision bias）研究成果。学者们先后发现了许多决策偏差，比如现状偏差（status quo bias）、忽略偏差（omission bias）、结果偏差（outcome bias）。与此同时，选择启发式（choice heuristics）的研究也发展起来了，学者们证实，确实存在许多针对具体判断任务进行过修改的特定启发式。

广义地讲，启发式与偏差的概念，不管是将启发式与偏差区分开来还是组合起来，都早已被应用于判断与决策学之外的领域，其中最突出的就是认知心理学（cognitive psychology）和社会心理学（social psychology）。前者要对不同的假说进行验证，并且实施归纳和演绎推理；后者要研究许多关于社会认知的问题。在社会心理学的归因理论（attribution theory）研究中，就有许多启发式与偏差研究的影子。

特 & 卡认为，对于概率、频率以及其他不确定量化数值的估计来说，有 3 个最关键的判断启发式，它们分别被称为代表性、可得性、锚定与调整。这三个启发式的重要性体现在它们是简洁的、典型的、标准的、经典的启发式，在启发式与偏差研究方法中具有很强的代表性。

从特 & 卡开始，启发式与偏差研究项目已经发现了几十个不同的偏差，但同时，新发现的启发式却非常少，而且即便发现了，其应用的广泛程度也始终没有超过以上 3 个经典的启发式。这让学界对启发式与偏差项目有一种不好的印象，仿佛启发式与偏差研究者们只会不停地发现偏差，而每一个新发现的偏差，似乎都可以用某一个对应的启发式进行解释。

有批评指出，启发式与偏差研究者们提出的启发式是非常模糊的，无法测试和验证，因此，可以认为他们没有针对概率判断给出一个综合性的模型，他们只是单纯地认定自己的启发式可以自动触发，未经实施或有意识地应用，却声称自己发现了区别于问题解决领域的启发式。在批评者们看来，启发式与偏差研究者们只是在老调重弹：把旧有启发式的名字改一改就敢声称自己有创新性，是不合适的。

在我看来，也许特 & 卡向人们介绍这些启发式的时候，并不是将其作为一套成熟理论、一个完善的模型提出来的。他们只是针对人们的主观概率思维方式提出了一种猜想，而非断言只有这种猜想才是行得通的。

无论如何,特 & 卡引发的研究热潮确实产生了大量的研究成果。他们的这种研究方法,仿佛化身成一种高效的生产机器,批量化地生产出符合启发式与偏差研究标准的学术论文。

接下来,我将对三个经典的判断启发式进行详细说明。

2.5.3　三大判断启发式之一：代表性

人类在进行概率判断时,从来都是讲条件的。有人采取从假说到路径的方法进行概率判断,也有人采取从总体到样本的路径进行概率判断,但这两种路径在本质上是相同的。我们将此过程进行一般化的处理,假定人都采取从模型(model)M 到与 M 相关的事件(event)X[①]的路径进行概率判断。比如,有些概率问题是这样的：

（1）从一副扑克牌中每次抽出 1 张,连续抽 10 次,10 张都是梅花花色的概率是多少？

（2）本届奥运会 110 米跨栏的冠军得主,在下届奥运会上能够卫冕冠军的概率是多少？

而另一些概率问题是反过来问的,采取从数据到假说、从样本到总体的路径,即,是从 X 到 M 的路径。也就是说,我们需要对这个事件作出合理的解释。比如：

（1）如果一个色子被掷出 6 次,所得结果中有 5 次都是 6 点,请问这个色子是公正的、均匀的、没有被人动过手脚的色子吗？

---

① TVERSKY A, KAHNEMAN D. Judgments of and by Representativeness ［M］//
KAHNEMAN D, SLOVIC P, TVERSKY A. (eds). Judgment Under Uncertainty：Heuristics and Biases. Cambridge：Cambridge University Press, 1982：84 - 98.

（2）为什么上学期期末考试中的第一名，在本学期却没有获得第一名呢？

我们稍作总结：可以把第一种从 M 到 X 的路径称为"预测（prediction）问题"，把第二种从 X 到 M 的路径称为"诊断（diagnosis）问题"或"解释（explannation）问题"。

特 & 卡发现，不管是预测问题还是诊断问题，人们总喜欢将 M 和 X 进行简单比较后就下结论。这类做法被特 & 卡称为代表性启发式（representativeness heuristic）。比如，人们通常不会认为自己可以做到连丢 6 次硬币的结果都是正面朝上，因为这种 X 不符合人们心目中的随机性模型 M。但反过来，人们往往会认为去年足球联赛的冠军俱乐部在新的一年里还是夺冠大热门，认为这种事件 X 符合人们对优秀俱乐部的认知模型 M。

M 也能以类似的机制从 X 中诊断得出。比如，人们会认为，一个连续出现正面的硬币，肯定是被人做了手脚的。但如果去年的冠军俱乐部今年的排名只是中游水平，人们就不会诉诸统计上的解释，而是去寻找直接原因：也许是这个球队的当家前锋受伤了，或者俱乐部没能及时给球员们涨工资而导致了士气下降。

这类通过表面类似程度（similarity）的多少而得到的概率判断，就是代表性启发式的核心内容。它能够对许多著名的概率判断偏差做出解释，比如赌徒谬误（gamblers' fallacy）以及非回归性预测问题。代表性启发式会让观察者为小样本的特性赋予过高的权重，以至于在进行诊断性判断时忽略基础比率（base rates）。

最能体现代表性启发式强大作用的，是合取谬误（conjunction fallacy）。我们假设：被预测的结果 X，是一种对一个高概率事件和一个低概率事件的典型组合。这个高概率事件指的是对此模型的良好匹配，而低概率事件则是指对模型的糟糕匹配。

1983 年,特 & 卡设计了一个琳达(Linda)实验 ①。实验人员虚拟一位女性琳达,并这样描述她:"琳达,31 岁,单身,直率又聪明的女士,主修哲学。在学生时代,她就对歧视问题和社会公正问题较为关心,还参加了反核示威游行。"

然后,实验人员让人们判断琳达的身份:请问下面哪一个答案是琳达的实际状况?

选项一:琳达是银行出纳。

选项二:琳达是银行出纳,还积极参加女权运动。

在琳达实验中,"琳达是一个女权主义者"发生的概率高,更符合对模型的认识,所以是高概率事件;而"琳达是一个银行出纳"则属于低概率事件。

如果我们将其合取,得到"琳达是一个女权主义的银行出纳",以概率论的逻辑来说,其发生概率要低于那一对高概率和低概率事件,毕竟"女权主义的银行出纳"总数一定不会超过"女权主义者"或"银行出纳"的数量。但如果我们站在相似程度(similarity)的立场上去看待这个问题,事情就会发生变化:一种典型的特征+一种非典型的特征,可以产生一种对表象的合取。这个表象,既不是"可能的",也不是"完全不可能的",而是在可能和完全不可能之间。

代表性捕捉到了概率的一个特点;在很多语言中,概率的这个特点,是嵌在概率词汇之中的,即看其与真理的逼真性(verisimilitude)或称相似性(likeness)。特 & 卡认为,这是一种普遍的机制,既适用于单一事件,也适用于重复性事件。这种机制有着很高的生态有效性,因为大多数分布(distributions)的中央或典型数值,同时也是其出现频率最高,即最高频的(modal)数值。在分布的中央数值等于分布的最高频数值时,人类利用

---

① TVERSKY A, KAHNEMAN D. Extensional Versus Intuitive Reasoning:The Conjunction Fallacy in Probability Judgment[J]. Psychological Review,1983,90(4):293-315.

的这种快速且轻松的判断方式,恰恰只需要最少的认知资源。

当然,对于这个出自特 & 卡的概念,吉仁泽等布式学者认为,"代表性"这个理论概念忽视了一些细节,导致其无法产生具体的、可被证伪的预测结果。

2.5.4 三大判断启发式之二: 可得性

可得性是特 & 卡在其 1973 年的一篇论文中所命名的启发式①。在这里,事件不再以相似程度(similarity)的方式与模型进行比较,而是根据其被人从记忆中想象或提取出来的难易程度进行评价。与代表性启发式相同,它针对的不是一个特殊的过程,而是一类现象。此类行为中,最具象化的就是"简单记起目标事件的实例",如果实例的次数是可以马上被回想得到的,则该事件就被判断为"频繁的",就会被预测是未来很可能再次发生的高概率事件;而难以被回想的事件,就被认为是低概率事件,被认为在未来不太可能发生。

问题是,人类能否记起以前的事,是受到很多因素影响的,之前的事件的发生频率,其重要性并没有那么高。这些因素包括事件的公众曝光度、事件的生动性、事件的重要性,以及事件是否于近期发生。这就使得人们往往赋予那些被高度曝光的、戏剧性较强的事件以更高的发生概率,而低估那些平平无奇的事件的发生概率。比如,如果最近有飞机失事,因为这类事件会被广泛报道且画面惨烈,很多人就会放弃坐飞机,改为乘火车或坐汽车出行;而对于酗酒会导致酒精肝或肝癌的事件,因其常见且显得普通,人们会低估其发生率。记起(recall),或称回忆,此行为也受到抽取原则(retrieval principles)和记忆组织(memory organization)的影响。所以,可得性原则不只是将被记起实例样本大小向事件整体规模的一种

---

① KAHNEMAN D, TVERSKY A. On the Psychology of Prediction[J]. Psychological Review,1973, 80: 237 - 251.

简单推广，还很可能表现出了人们对不同心智产物的费力程度和轻松程度的不同感觉。

这些感觉，在模拟启发式中表现得更为突出。模拟启发式（simulation heuristic），或译为仿真启发式，有时会被学者们当作可得性启发式的一个下属分支，即，对结构（construction）的可得性与对记起的可能性所进行的对比。

人在预测时，总是将未来的各种不同的因果情景进行比较，倾向于认定：最容易被想象出来的、最有因果关联逻辑的那个故事，看起来就是最自然或最正常的故事，也就是最容易发生的故事。

在讨论未曾实际发生、但"本可以"发生的事件的概率时，人们在心智或思维中进行的模拟（mental simulation），还可以通过反事实推理（counterfactual reasoning）的实例观察得到。约翰·斯图亚特·穆勒（John Stuart Mill）曾经提出过先验谬误（a priori fallacy）的概念，即，人们相信，对人来说，能够以最自然的方式想到的东西，必然也是存在的东西，而凡是我们想象不出来的东西，肯定是不存在的东西[①]。在某些方面，模拟启发式可以被看作先验谬误的一种应用。

具体来说，这种信念可以被描述为：即便我们无法把所有事情一起想象出来，但我们想象起来最不费力的事情，就是最有可能成真的事情。人类是如何轻易地将 X 事件的实例带入思维之中的？又是如何轻易地将 M 模型运行起来的？这些过程（processes）是怎样实现的？显然，可得性和模拟的概念，本身并没有指明上述过程的实质内容，但是这些概念吸引了大批学者来寻找那些潜在的影响因素。正是这些影响因素，使得 X 和 M 更加容易被人从记忆中提取出来，看上去更加可信，因此也被认为未来有更高的概率会发生。

---

① MILL J S. A System of Logic[M]. London：Parker，1856.

2.5.5　三大判断启发式之三：锚定与调整

人类的判断，还可能受到初始值（initial value）的影响，而初始值一般都是受外部因素控制的。比如，在与服装店老板讨价还价的时候，如果老板一开始的要价是 500 元，你往往不太好意思开口说只愿意付 10 元，因为 500 的初始值仿佛一个标准，使得 10 元的成交价变得非常不合理。即便这件衣服的成本只有 5 元，老板也完全可以开价 200 元，但是对你来说，200 元或 500 元，都是受外部因素控制的。可能老板今天买卖很好，不在乎你这一单是否成交，因此开价 200 元；也可能老板已经很久不开张了，希望这一笔尽可能多赚一些，因此开价 500 元。无论哪一个，似乎都不受你控制，甚至都没有具体的道理，因为他也可以随口说成 300 元或 100 元。但结果是你的判断过程受到了影响，显然，与面临以 300 元开价的情景相比，在面临 500 元的开价时你更不敢直接提出 10 元的出价。

你独立的估计（estimate）行为受到了初始值的影响。此时，这种估计就是对初始值的一种向上或向下的调整（adjustment）。而这个初始值，就成为未来估计的出发点，起到了锚定的作用，我们称之为锚（anchor），或译为锚点、锚定点、锚值、锚定值。特 & 卡将此过程称为锚定与调整（anchoring and adjustment）①，该过程产生了人所倾向于做出的估计，而且往往是偏倚的、被人的心智所吸收同化了的、朝向锚定点方向做出的估计。

尽管锚定与调整过程内置了偏差的存在，但此过程很明显是一个具有适应性的启发式，无论何时，锚定点都是能够提供有用信息的、有意义的数值。不管老板的开价高还是低，总归是为你提供了一个可供讨价还价的起点和框架，尽管你可能知道对方是信口开河地要价，但你至少能从中探知到他今天愿意让利的概率和他此时达成交易的意愿程度。明智的

---

① TVERSKY A, KAHNEMAN D. Judgment Under Uncertainty：Heuristics and Biases[J]. Science，1974，185：1124-1131.

人,总是基于今天的情况来锚定自己对未来的预测,得到一个保守的偏倚,即,判断未来更有可能与过去是相似的(similar)。注意,对未来进行判断时,人们的确应该参考过去的情况,但这种参考的程度常常是过度的,超过必要水平的。也就是说,保守的偏倚此时可能比基于对未来更乐观或更悲观的心态所进行的估计要更好。当然,凡事都是两面的,不存在百分之百可靠的启发式。如果人们对此情景是不确定的,就会受到不相关的锚定值的影响,甚至可能受到完全失真的锚定值的影响。

锚定与调整启发式,要比代表性启发式和可得性启发式更普遍。频率判断、数值判断、量级判断、因果归因判断,都可以体现在锚定与调整启发式的应用过程中。比如,在概率判断研究领域,锚定现象可被用于解释后视偏差(hindsight bias),或译为后见之明、事后聪明偏差;也可以用于解释过度自信(overconfidence)产生的各类现象。

锚定现象是非常稳健的,但学界对其产生机制仍存在相当大的争议,有学者为此提出了两种解释路径①。一种是通过调整不足(insufficient adjustment)来进行解释,即,与其他证据相比,判断者会赋予锚定点过高的权重;另一种是通过选择性激活以及证据的可及性进行解释。

通过前一种路径,学者们将锚定行为描述成首因效应(primacy effect),或译为初始效应、首位效应,即,人类在社会知觉中具备一种主观倾向,使得主体信息出现的次序对印象的形成产生重要的影响。比如,在阅读一份长长的名单时,人很可能只记得住开头部分的内容,而忘记中间的大部分内容。

按照后一种路径,锚定(anchoring)被视为启动(priming)的一个特殊案例。启动效应(priming effect)心理现象指的是这样一种现象:由于之

---

① CHAPMAN G B, JOHNSON E. Incorporating the Irrelevant: Anchors in Judgment of Belief and Value[M]//GILOVICH T D, GRIFFIN D, KAHNEMAN D. (eds). Heuristics and Biases: The Psychology of Intuitive Judgment. Cambridge: Cambridge University Press, 2002: 120-138.

前受某一刺激的影响，人对同一刺激的知觉和加工变得更为容易。比如，当人们先看到一组汉字中间含有"铁"这个字，那么随后被要求写出部首为"钅"的字时，人们写出"铁"字的概率会更高。

2.5.6　概率判断的两个阶段

到目前为止，启发式的数量是有限的，也许还不足以解释人类做出的概率判断及其关联的潜在偏差。有些学者认为，概率判断产生于人类两种思维模式的交互作用；这两种模式分别为直觉性、自动进行的、瞬间生效的系统 1（system 1）和分析性、由人控制的、符合推理法则的系统 2（system 2）①。他们认为，自发的系统 1 判断，可能是偏倚的，也可能是没有偏倚的。即便系统 1 产生了偏差，系统 2 也可能并不会去支持、修正或调整这些偏差。由锚定启发式产生的启动效应，以及由代表性启发式产生的各种印象，都是典型的启发式判断，而它们都是由系统 1 影响和导致的。

系统 1 导致的人的反应是自发性的，且常常是无可避免的，与人类感知系统的结果非常相似。与负责感知的人体知觉器官一样，系统 1 有时也会产生认知错觉。系统 2 的过程则要缓慢许多，是人们深思熟虑之后才能实现的，但这并不意味着系统 2 的过程总是符合规范性的标准。研究表明，人类能够以多种不同的形式犯下错误，违背逻辑或概率计算中的各项法则。一个人有可能不知道合适的法则是什么，因能力不足而犯错，这类错误称为能力错误（errors of competence）；一个人可能过于相信法则，但由于所信的法则与规范性标准不一致而犯错，比如赌徒谬误（gamblers' fallacy）；即使这个人熟知法则，也可能因为疏忽和粗心而得不

---

①　KAHNEMAN D, FREDERICK S. Representativeness Revisited: Attribute Substitution in Intuitive Judgment[M]// GILOVICH T D, GRIFFIN D, KAHNEMAN D. (eds). Heuristics and Biases: The Psychology of Intuitive Judgment Cambridge: Cambridge University Press, 2002: 49-81.

到正确的判断,这被称为应用错误(errors of application)。

其他的学者,即便不赞成上述观点,也至少同意,人类的分析过程是存在两个阶段的。学者们假定,在人类的预测和概率判断实例中,包含了一个候选判断被提出或形成的阶段,以及一个这些提议或假设被评价的阶段。这两个阶段,在锚定与调整启发式中特别明显,因为在第一个阶段中,锚定点本身就代表了一个由外部因素提出的候选值,而在第二个调整阶段中,这个数值会被判断者修改、评价。

对于代表性启发式来说,初始的预测是基于一种匹配或相似程度而产生的,即,样本或目标结果是否匹配总体或结果来源的明显特征。随后,这种预测就会被各种因素进行修正和调解,比如基础比率,对线索有效性的信念,以及对先前预测精确的历史记录。有时,人们会使用经验法则来确保某些修正得到实施。在挪威的一桩谋杀案中,目击证人被问到对自己证词的信心程度时,是这样表达的:"我 90%确定自己的话;此刻我没有说 100%,因为我从来不说 100%。"显然,在辨认某人是否就是嫌疑人的过程中,该证人使用了一种简单却又深思熟虑的原则,来修正自己瞬间的、基于对被观察者的感知印象。我们甚至可以直接将证人对修正因子的使用过程称为一种"判断启发式",证人使用了这种启发式,表明其有意识地选择了一种战略来将其过度自信的错误最小化,而不是选了一种瞬间的直觉性过程。

如前所述,概率判断一方面是基于人类感知的心理学原则进行的,另一方面又是根据思维和推理进行的。我们相信,人们对一种情景或一个事件的初始印象和估计,主要是根据感知法则进行分析解释的,但后续的评价过程,则主要是基于深思熟虑的、有意识的推理而进行的。特 & 卡提出的前景理论(prospect theory)就涉及了选择行为的两个阶段;与之类似的,概率判断过程也有两个阶段:先是编辑和编码阶段,然后是评价阶段。

1）阶段 1：编辑（编码）阶段

初始的编辑阶段（editing phase），或称编码阶段（encoding phase），其主要内容是将可以获得的输入信息以一种有意义的方式进行排列组合，令其为后续的评价-计算阶段做好准备。既然人类的处理和记忆能力是有限的，那么对信息的编辑，也就必然是以最简单和最有效的方式来进行的。人类会调整自己的感知系统，使其与可得信息相协调。学者们将人类这种调整感知系统的方式称为知觉准备（perceptual readiness）[①]，并在许多格式塔（Gestalt）原则中发现了这种方式。信息编辑过程，是按照简单性原则（simplicity principle）进行的，按此原则，感知系统会被准备好，以找到最简单的感知组织。

编辑过程，负责对信息进行挑选，并将其转变为一种内部表征（internal representation）。这种表征取决于外部刺激的各种特征，比如具体程度、生动程度。研究发现，人类更喜欢处理单一案例，而非统计学证据。对人类来说，具体的某个案例，要比死气沉沉的统计信息更显生动和鲜活，因而会在编辑阶段得到优先处理。这种鲜活性效应（vividness effect）取决于可得信息自我呈现的方式。1973 年，特 & 卡设计了一个著名的律师/工程师问题[②]，受试者会看到对律师或工程师职业性格的描述，同时也能看到律师和工程师数量的基础比率。显然，受试者在做出判断时，主要依靠了某些特定的描述，而忘记了规范性的标准，忽略了每种职业的基础比率。特 & 卡认为，受试者是通过特定描述与某种职业典型特征的相似程度（或者说特定描述的代表性）来判定这些描述是针对律师还是工程师的。

编辑阶段对于单一的叙述性信息非常敏感，因为叙述性信息总能在

---

① BRUNER J S. On Perceptual Readiness[J]. Psychological Review，1957，64(2)：123－152.
② KAHNEMAN D, TVERSKY A. On the Psychology of Prediction[J]. Psychological Review，1973，80：237－251.

这个初始阶段获得人的主要注意力。如果描述非常生动和鲜活,这些特征很快就会被受试者关注到,从而被编码为高度显著的内容。相比之下,人们对描述的精确度、有效性、诊断性并不在意,即便在意,也只在下一个阶段对其进行评估。

信息编辑的过程,及其产生初始印象的过程,都高度依赖于输入信息的顺序及其组织安排信息的方式。对锚定行为的研究表明,首因效应是真实存在的。另一些对于框架效应的研究则表明,即便是内容相同的客观事实,呈现的方式不同,产生的效果也就不同①。比如,如果把一件事描绘成 90% 的成功率,就形成了正性的积极框架,而将同一件事描绘成 10% 的失败率,就会形成负性的消极框架。前者让人感到鼓舞,使人的注意力被导向一种积极而不是消极的结果。

与框架效应类似,编辑过程也很容易受到各类形式效应的影响。比如,人们总是忽视基础比率,给予单一叙述性信息过高的权重,却低估了其对应的统计信息的重要性。这种行为直接与信息的呈现形式相关,呈现的形式不同,其凸显出来的特性就会不同,内部表征的结构也会不同。感官性的刺激或情景,是可以通过不止一种方式进行呈现和感知的。

对目标结果的不同描述,可能在特殊性、细节的数量等方面也是不同的。这是其支持性理论的核心要点,因为它宣称人们并不会为事件分配概率,而是根据事件的描述分配概率。如果以某一种方式描述事件,得到了大量的支持,即,人们可以看到大量积极的正面的证据,或者支持性的言论,则会让人们感觉该事件的发生概率更高;而那些以相反的形式进行描述的事件,在人们看来则不太可能发生。这种观点最重要的推论是,没有被详细描述过的、仍处于"封装"状态下的结果(比如非正常死亡的人数),与被"拆封"之后的结果(比如交通事故死亡人数或自然灾害死亡人

---

① TVERSKY A, KAHNEMAN D. The Framing of Decisions and the Psychology of Choice[J]. Science,1981,211:453-458.

数)相比，尽管前者包含了后者，所以前者数值总是更大的，但在人们眼中，后者的发生概率更高。这种奇怪的次可加性(subadditivity)存在于很多领域，产生了大量诸如"$1+1\leqslant 2$"这样的不合理现象。

2) 阶段2：评价阶段

评价阶段的主要内容是，评估编辑阶段获取的可得信息的不同特性，最终将其组合成一种概率性的估计，并以一种数字或文字的形式呈现出来。这个阶段包含了深思熟虑的认知过程，可以被看作一种典型的推理范式(paradigmatic mode of reasoning)，或称逻辑科学推理模式(logico-scientific mode of reasoning)。这种模式必须满足一致性和非矛盾性的要求，最高级的表现形式，就是针对其描述和解释过程以一种正规的数学形式进行表达。然而，启发式与偏差项目产生了大量的实证研究证据，这些证据表明评价过程也是存在系统性错误的，人类存在系统性的推理失败。

导致评价阶段发生错误的原因有很多。第一，在很多情况下，人们是熟知合理的范式思维的，但是没有能够针对特定的情况加以应用，导致应用错误①。比如，二十多岁的项羽和四十多岁的刘邦单挑，进行掰手腕比赛。有两种赛制可以选择，7局4胜或3局2胜。请问，项羽在哪一种赛制下的胜率更高？显然，人们知道，在每一局比赛中，刘邦都必然会输给项羽。人们也知道，赛制的改变，并不会突然增强刘邦的臂力。但我相信，仍然会有不少人坚持认为"7局4胜"的赛制更能让项羽体现出自己的优势。他们大概觉得，局数越多，出现"黑马"的概率就越低，因为特殊事件在更大样本中的发生率总是更低的。但是，他们忽略了"项羽单局总是必胜"的绝对条件，因此赛制并不会改变胜率。以弱胜强的鲜活画面往往更显动人，但鲜活画面从脑海中被提取出来的容易程度并不能影响该类事件本身出现的客观概率。由此可见，人在评价阶段能否正确应用已知

---

① KAHNEMAN D, TVERSKY A. On the Study of Statistical Intuitions[J]. Cognition，1982，11：123 - 141.

的范式,取决于问题结构的透明程度,反过来,也取决于在初始编辑阶段问题被编码的方式。

第二,统计理论背后的原则,既不容易掌握,也不总是与自然直觉相容。比如,回归(regression)、逆概率(inverse probability)、贝叶斯定理,都不易学,也都不属于人类天然具备的推理方式。因此,人们在评价过程中很可能不了解合理的法则是什么,不了解合理的处理方式和思维方式是什么,无法辨析出这些法则和方式,出现理解错误。

第三,人们所知的不少统计和概率现象,在其根源上都属于错误认识或误解,而这些错误认识支配了评价阶段。所谓错误认识,指的是一种信念,其既不符合物理世界的规律,也不符合基于推理范式的规范性标准。比较常见的是对随机性和独立性的错误认识。在认识随机性方面,人们常常对其估计不足,以至于产生诸如热手效应(hot-hand effect)的错误信念,认为某人投篮时连续命中,就处于手感好的状态,下次进攻时大家还是会把球传给他,让他继续来负责投篮,殊不知这样做并不会帮助自己的队伍。在认识统计学意义上的独立性方面,对其低估就会导致如赌徒谬误之类的结果。

在进行概率评估时,即使一个人深思熟虑,进行分析性的思考,有时也会偏离规范性的标准。这可能是因为概率这个概念本身存在不同的类型,不同的人所认识的概率类型并不相同。即便是概率论专家,他们也对到底什么是正确的概率表述存在争论。在人们的日常生活中,概率对大多数人来说是一个多义词,有时指的是相关频数,有时只是为了让表达"看起来比较可信"。人们似乎会把概率当作一种因果力,或者一种倾向,不仅可以在表达结果频数时使用,还可以在表达目标结果的强度和延迟程度时使用。如果要表达下个月出现台风的风险,有人说概率是 90%,还有人说概率是 20%,而在听到这两个概率的时候,人们会认为前者描述的台风会来得更快。如果人们是这样理解概率的,实际上就是赋予了概率因果系统的特征,此时,是否要使其符合规范性标准下概率分布的各种公理,就没那么重要,没那么急迫了。

至此，启发式与偏差项目的研究方法已经介绍完毕。该项目成功地将推理与人类思维心理学中的感知原则结合起来，为不确定条件下的判断，提供了一种新的解释角度；它发现人类在推理和决策中易于犯下系统性错误，并为此提供了不可辩驳的强大证据；它挑战了经济学领域对"经济人"的传统设定及其对人类理性能力的严格假设，证明了人不是总能满足标准经济学理论中符合规范性标准的前提条件；最重要的是，它为概率判断与决策研究提供了简单而智慧的研究方法。

当然，启发式与偏差项目还存在一些问题。它诸多启发式背后的人类处理过程之间的关联性仍不够强，还没有找到一个综合性的理论框架来把各种启发式包含进去，批评者们甚至有理由怀疑，到底是否存在一个完整的理论，可以支持启发式与偏差研究本身。大多数关于启发式的实证研究，都是基于展示人类的概率判断而进行的。问题是，此过程是可以引导出不同的启发式的，从而可能产生不同的偏差，那么这些启发式到底是基于认知系统不同特性产生的，还是因为人应用了特定的方法来将其带入心智而得到的？这既是一个理论应用问题，也是一个实践应用问题。如果有学者能回答这个问题，将来必然会为启发式与偏差的理论研究做出重大贡献。同时，如果从实践的角度出发，这个问题的答案也将会有助于人们得到更多修正和避免偏差的方法。学者们称后者为去偏差化（debiasing），也可译为除偏、消除偏差或减少偏差。

3

第 3 章
判断与决策学之判断

"欺骗和虚伪既不是将善良人压制到最低水平的绝对的恶,也不是有待于被进一步的社会进化去除掉的动物的残留性状……完全诚实并不是答案……良好的礼貌变成了爱的一种替代。"

　　　　——爱德华·威尔逊,《社会生物学》,第二十七章"实物交换与相互利他主义"①

　　"社会科学当中,经济学在形式和自信上最类似自然科学……人类大脑并不是运算快速的计算器,但大多数决定必须在复杂的情节和不完全的信息下快速完成。因此理性选择理论涉及了一个重要问题:多少信息才算足够?……经济学家所享有的尊荣,多半并不来自他们的成功记录,而是因为商业界和政府别无其他选择。"

　　　　——爱德华·威尔逊,《知识大通融》②

　　①　爱德华·威尔逊. 社会生物学:个体、群体和社会的行为原理与联系[M]. 毛盛贤,孙港波,刘晓君,等译. 北京:北京联合出版公司,2021:642.
　　②　爱德华·威尔逊. 知识大融通:21世纪的科学与人文[M]. 梁锦鋆,译. 北京:中信出版社,2016:273,288,277.

在介绍完方法学之后,我将为读者介绍判断与决策学领域里的具体研究内容和成果。喜欢案例的读者应该会感到更舒适一些了。在看似枯燥的判断与决策学各大理论之下,你将会发现与人类生活密切相关的惊人洞见。这正是我当年被判断与决策学吸引的原因。

我在此处所用的判断(judgments),指的是人类一系列评价和推断过程。这些过程任由人支配,人可以在决策中利用这些过程。而我在此处所用的决策(decision making),不是指决策行为,而是指以"决定"(decision)本身为主题的判断与决策学研究。其范畴很广,既包含了如无风险(riskless)及风险(risky)条件下的选择等传统研究主题,也包含了对社会、情感等决策影响因素的研究。

3.1 不止于萨维奇经典的概率三分类: 概率判断

3.1.1 内部与外部之分

这里我先给出一个案例。

假设 A、B、C、D 四个人一起参加由我本人举办(如果我有幸得到大力赞助的话)的"第一届至尊手机大赛"。所有人都可以花 199 元入场竞猜,看前来参赛的 20 个品牌手机中哪一家能最终胜出,而猜中者可以获得奖金 10 000 元。已知:

（1）A 是个外行，纯瞎猜，所以获奖概率是 1/20。

（2）B 也是个外行，他发现有一款手机名为"冠军"牌，认为它一定会赢。

（3）C 是个手机行业的专家，任职于某智能产品评测机构，工作内容就是比较各品牌手机的性能。他知道，在之前的 4 次评比中，水果牌手机曾 3 次夺冠，所以这次他认为该品牌仍会获胜。

（4）D 像 C 一样，也是个业内专家，他昨晚专门邀请了大赛评审组组长，即，我本人，一起共进晚餐。席间我曾说这次最看好大米牌，于是他押注大米牌手机会夺冠，并充满自信，觉得自己赢定了。

到底哪一家的手机会夺冠，谁也不知道，但不管怎么样，我发现这 4 位竞猜者其实可以分成两类。

A 和 C 是一类人，他们都是从外部进行推理（reason from the outside），即，从品牌集合中选择一个牌子，基于其在集合中的适当比例进行判断。

B 和 D 是另一类人，他们都是从内部进行推理（reason from the inside），即，基于已有的知识或信念，针对某一个特定的牌子进行判断。

以上两种战略，诉诸对概率判断概念的不同理解，其根源可以追溯到哲学和心理学对此认识的分野。

前文提到，莱纳德·吉米·萨维奇（Leonard Jimmie Savage）曾区分出 3 种理解概率的观点：必要的、客观的、个人的。但从哲学立场来看，其分类方式又有所不同，要么依据信念的理性程度来理解概率，要么依据事件种类下的统计分布来理解概率[1]。

如果某人基于"我的信念合不合理"来进行概率判断，那他就是在依

---

① HACKING I. The Emergence of Probability[M]. Cambridge: Cambridge University Press, 1975.

赖其认识方面的感觉。所谓认识的（epistemic），即与认识论（epistemology）相关的。认识论，或译为知识论，是探讨知识的本质、起源和范围的一个哲学分支，读者可以将其理解为"关于知识的理论"。因为此种理解方式关心的是判断者知识或信念的状态，所以学界称其为认识上的方式，依赖的是判断者本人的认识（epistemic）意识。

如果某人不那么在乎自己的信念，而是重视现实世界里的随机过程所产生的频数和比例，那他就是在依赖其运气方面的感觉。所谓碰运气的（aleatory），更多地含有侥幸的含义。在古拉丁语中，alea 是骰子的意思，凡是与赌博相关的，都可以称为 aleatory，以表达偶然的、碰运气的、侥幸的等含义。经济学家们常把保险合同称为射幸合同（aleatory contract），就是为了突出其运气成分。射幸合同是指合同当事人一方支付代价所获得的只是一个机会，对投保人而言，他既有可能获得远超保费的收益，又有可能得不到任何收益。这种合同之所以能成立，是因为各当事人都认为自己所获得的允诺比自己给出的允诺更有价值，即经济学上的边际效用更大。此种理解方式关心的是外部事件的统计分布，所以称其为依赖运气的方式。

哲学上的分野更加能彰显出上述两种理解方式的差异。虽然有些理论学家认为这两种方式是互斥的，不同的派别会认定其中一种要优于另一种，但大部分学者还是给予同等重视的。以规范性观点来看，两者都能提供其概率计算上的有效解释。

从认识的角度理解概率，就是要看一个人的信念是否具备连贯性（详见《不止于理性》）。我们对于自己某个信念的自信程度，要看其是否符合连贯性法则，而概率的法则此时就是我们需要遵照的连贯性法则。如果违背了概率法则，则这个人立于不败之地，无论怎样都有道理。这种赌局被称为荷兰赌（dutch book），又称大弃赌，意思是不管结局如何，你一定不会输。弗兰克·普兰顿·拉姆齐（Frank Plumpton Ramsey）将其解释为，如果你依从一组不连贯的信念来与对手竞赌,则不管你所赌之事在现实世界中的真实结果如何,你都能赢到钱①。

弗兰克·普兰顿·拉姆齐

弗兰克·普兰顿·拉姆齐(1903—1930),英国天才哲学家、数学家、经济学家,他26岁时就已经对这三个领域做出了重要贡献。19岁时,拉姆齐已经开始翻译大哲学家路德维希·约瑟夫·约翰·维特根斯坦的德文著作,并与其交为好友,后与著名经济学家约翰·梅纳德·凯恩斯(John Maynard Keynes)合力将维特根斯坦带回剑桥大学。在哲学领域,拉姆齐提出了真理的冗余理论,而组合数学领域中的拉姆齐定理(Ramsey's theorem)就是以他的名字命名的。可惜的是,因慢性肝病接受腹部手术,结果术后发生黄疸,拉姆齐英年早逝。

他真正意义上的学术生涯只有5年左右。他的三篇重要论文分别是在其23、24、25岁时发表的,公正地说,这三篇论文无论哪篇都足以令他获得诺贝尔经济学奖。

第一篇论文包含了他与凯恩斯讨论过的主观概率和效用问题,为约翰·冯·诺依曼和奥斯卡·摩根斯坦的名著《博弈论与经济行为》提供了哲学基础,而后者的预期效用理论只是拉姆齐观点的注释和变形而已。

第二篇论文中出现了经济学中关于制定税率的拉姆齐法则(Ramsey rule),后来的彼得·戴蒙德(Peter Diamond)和詹姆斯·米尔里斯(James Mirrlees)因为将此法则进行了推广,成为激励理论的奠基人,分别于2010年和1996年获得了诺贝尔经济学奖。

---

① RAMSEY F P. The Foundations of Mathematics and Other Logical Essays[M]. London: Kegan Paul, Trench, Trubner & Co., 1931.

第三篇论文中出现了宏观经济学领域著名的拉姆齐模型(Ramsey model),它是最重要的古典静态增长模型之一,是现代增长理论的出发点,凯恩斯在为拉姆齐所写的讣告中将此称为"对数理经济学所做的最卓越贡献之一"。

而从运气的角度理解概率,相关频率的加法法则是被包含在概率法则之内的,所以仍然符合规范性标准。

这种认识与运气的分野,重视的是概率计算的有效解释,是规范性模型领域的问题。一个理想的推理者,其信念是绝对连贯的,即,他的判断理应完美对应相关频率。比如,明智的父母,会永远认定"自己的下一个孩子是男孩"的概率为 1/2。

可是,哲学家们关心的是人们在现实世界中进行概率判断的真实方式。人们在讨论概率的时候,其实可能是从混乱的立场上理解它的。有时候,人们用自信程度来讨论概率,比如,某人可以说自己对做成某事"有 60% 的把握";有时候,人们用相关频率来讨论概率,比如,某人可以宣称自己在某项赛事"历史上的胜率高达 80%"。

由此,我们发现,在一个特定的应用领域中,总是存在两种不同的理解方式。事实上,有时连我们自己都分不清自己正在使用的方式是哪一种,因为几乎所有人都是时而用自信程度表达、时而用客观频率来表达概率的。问题是,单纯就听取到的讨论内容而言,这两种表达都不足以让我们完整地捕捉到对方所要表达的所有信息。

早在 20 世纪 50 年代就有学者讨论过这个问题。1954 年,保尔·埃弗雷特·米尔(Paul Everett Meehl)在论文中指出[1],临床心理学(Clinical Psychology)存在一个基本的方法学问题,即如何预测一个人将会做出的

---

① MEEHL P E. Clinical vs. Statistical Prediction: A Theoretical Analysis and a Review of the Evidence[J]. Minneapolis, MN: University of Minnesota Press, 1954.

行为。比如，一个犯人释放后是否会再次出现犯罪行为？一个人是否会因为抑郁而实施自杀行为？

保尔·埃弗雷特·米尔

保尔·埃弗雷特·米尔(1920—2003)，临床心理学家，美国明尼苏达大学心理学和哲学教授，明尼苏达科学哲学研究中心创始人之一，曾任美国心理协会主席，是20世纪论文被引用率最高的心理学家之一。在他16岁时，母亲因当时糟糕的医疗水平早逝，令他开始怀疑医疗从业者的专业能力和临床诊断精确度，促使其后来走向临床心理学的研究之路。米尔曾受到批判理性主义的创始人、著名哲学家卡尔·波普尔(Karl Popper)的证伪主义的影响，自称是新波普尔主义者。他将历史计量学元理论的精算方法引入了科学理论的评价之中，并与其同事一起首次在心理学中引入了建构效度(construct validity)的概念。

临床上的预测，涉及对每个个案进行评估，要将所有相关的因果性影响因素分离出来，因为这些影响因素将会决定个案主体后续的行为。相比之下，统计上的预测，或称为真实性预测，与临床上的预测有着明显的区别。统计预测是将一个人分配到与其相似的某一类群体之中，分析可以用于推断该群体未来行为的相关频率，然后以统计列表的形式呈现出来。研究表明，统计上的预测更有效，而临床上重视个案的专家常常犯下低级的错误。

虽然米尔关注的是"预测"而非概率判断本身，且他比较的是专家和业余人群之间的预测差异，但是，这种在临床和统计方法上的对比为判断与决策学领域的研究者们做出了有益的提醒：在人们日常的预测活动中，存在一种类似的分野。大部分人,尽管不是专家,也常常忽视那些更强调统计方法的预测工具。在吸收了米尔的观点之后,特 & 卡于 1982 年提出了关于概率判断的内部与外部分野的两种模式[①]:

(1) 分布模式(distributional mode)——某个事件,只是众多相似的事件之一,我们估计的是其相关频率;

(2) 单一模式(singular mode)——对于身边的某个特定事件,我们估计的是其本身发生的倾向。

人们在估计某件工作或某个研究项目的完成时间时,喜欢基于特定的、具体的、有针对性的影响因素进行估计,所以往往会忽视一个与之相似的项目所需的时间。也就是说,人们采用单一模式来判断,因而常常出现规划谬误(planning fallacy)。它的意思是,人们常常对项目所需的时间估计不足,最后总是发现时间不够用,无法在期限内完成项目。显然,这时人们所采用的是典型的内部观点(inside view)。研究表明,在面对因果系统时,人们总是偏爱单一模式,采用内部观点来立即得到结果,而不喜欢采用外部观点(outside view),将眼前的个案放到一个采样体系中来考虑。

再举个例子。假设我有一个女儿,现在她该上初中了。我们刚刚搬了家,听说附近有一所中学,人们常常称其为"一中"。因为离家近,我们打算让她报考这所中学。你看我们家这孩子,又美丽又优雅,亭亭玉立,面容姣好,小小年纪就在各种语言考试中拿到高分,看得懂量子力学,玩得转吉他古筝,真是怎么看怎么让人喜欢,让我觉得这个一中必须要录取

---

① KAHNEMAN D, TVERSKY A. Variants of Uncertainty[M]//KAHNEMAN D, SLOVIC P, TVERSKY A. (eds). Judgment under Uncertainty: Heuristics and Biases. Cambridge: Cambridge University Press, 1982.

她! 一般初中对新生的各种硬性要求,我女儿都达到了,这样的学生会不被录取吗? 不可能! 她被录取的概率一定超过90%! ——这就是典型的内部观点,即,进行判断时只看个体事件及其属性。

可是到了录取面试的那一天,我突然意识到,这场竞争竟然如此残酷。亚洲首富的孙子、世界银行行长的外甥、某国总统的孙女、爱因斯坦远房亲戚的侄女,竟然都在考试现场。现场有多少人? 大概有3 000人! 今年该校会录取多少学生? 仅有100人! 可这些学生中的每一个都是人中龙凤,每一个都背景显赫,每一个都古灵精怪、博古通今、能歌善舞、有国际视野、有人世情怀! 做运动都是高尔夫斯诺克起步,一张嘴就是法俄德日意的定语表语从句,简历上充斥着各种竞选各种慈善各种才艺。此时我再抬头一看,原来该校的全名叫做“世界第一中学”! 我家女儿能有多大的胜算? 乐观估计,应该也就不到10%! ——这就是典型的外部观点,即,进行判断时要考虑身边事件所属的相似事件集合。

采用内部的观点,对概率的判断就离不开个案分析,不仅要了解个案所具备的属性,还要了解个案与等待判断的结果之间的关系;采用外部的观点,则需要考量个案所属的实例类型或集合,将此集合的属性分布作为概率判断的基础。

判断与决策学研究的学者们对内部和外部观点之间的关系存在争论,他们认为,这两种观点之间的关系十分复杂,人们在实际生活中常常会不自觉地转变立场。一方面,惯于采取外部观点的人,有时会发现,单纯得到实例数量是没有用的,还是要通过比较样本的某些属性才能更好地进行概率判断,这就使其在无形中变成了一个持有典型内部观点的人。另一方面,惯于采取内部观点的人,往往一开始没有关注到某些特定属性的实际分布情况,但这些属性的分布常会在某些生活场景中突显出来,迫使其向外部观点转变,调整自己的初始判断。

回到前面的例子。在我女儿的入学考试中,参加考试的学生是3 000

人,录取 100 人,那么我女儿被录取的概率就应该是 1/30(100/3 000)——
这显然是典型的外部观点。但是,3 000 这个数字,很可能是无效的。比
如,男女新生可能是分别招的,基数不同,估计出的录取成功率就不同,所
以还需要基于属性的比较。又如,到底有多少人真正到达了现场,往往是
事后才统计得出的,现场的评估因此可能就失去了参考价值,有参考价值
的是回顾性的分析。在这些情况下,想要采取外部观点进行概率判断,就
比较困难。

3.1.2 内部观点的模型

1) 相似程度

特 & 卡最先对概率判断中的代表性启发式进行了定义。代表性启
发式与相似程度有关,即,对于一个看上去更有代表性的事件,人们会认
为其发生概率更高;与要进行判断的模型越相像,人们就越觉得这件事具
有很高的发生概率。如果一个事件 X 被认为是有代表性的事件,则 X
与该事件所属的模型 M 越相似,X 被判断会发生的概率越高。在此,相
似程度仍然属于人的一种感觉,是有意识的生理官能。

大量研究表明,代表性判断会导致人们忽视基础比率,违背概率的基
本法则,在对相似程度的判断和对概率的判断之间形成近乎完全的相关。
比如,当我告诉你这样的信息①:

- 阿慧是个敏感而内向的姑娘;
- 她在中学期间就爱在日记里模仿著名诗人舒婷、食指和顾城,
创作朦胧诗;

---

① 我编的这个案例,几乎是"Danielle 的专业"的中文版本,参见:BAR-HILLEL M, NETER
E. How Alike Is It? Versus How Likely Is It?: A Disjunction Fallacy in Probability Judgments[J].
Journal of Personality and Social Psychology, 1993, 65: 1119 – 1131.

● 她很美丽，但是不太爱交朋友，有时间的时候，更愿意自己在家读读书。

请问，阿慧在大学里读什么专业？

我再给你一个单子，上面是各种可能的选项，比如：

● 诗歌、数学、历史、文学、物理、新闻、体育、社会学科、人文学科。

请你给阿慧学习每个专业的可能性打分。

你会认为哪个更可能是阿慧所学的专业？估计看了上面的话以后，大部分人会认为，诗歌的可能性更高吧。

问题出现了：

选择"诗歌"的人，为什么不选"文学"？

选择"文学"的人，为什么不选"人文学科"？

概率最高的答案，理应是涵盖范围最广的答案，但大多数人都忘记了这一点。学者们认为，产生这种现象的原因主要有两个。

第一，人们始终认为下级类别的发生概率高于上级类别，违反了概率论中的扩展法则（extension rule），即，下级类别的发生概率不能高于其所属的上级类别的发生概率。

讲清楚 3 个本质上完全相同的概率论法则：

（1）合取法则（conjunction rule）：A 和 B 两个事件同时发生的概率不高于其中一个事件单独发生的概率，即 $P(A\&B) \leqslant P(A)$ 且 $P(A\&B) \leqslant P(B)$，因为前者要求高，发生概率自然更低。

（2）析取法则（disjunction rule）：事件"A 或 B"发生的概率不低于 A 发生的概率，也不低于 B 发生的概率，即 $P(A\ or\ B) \geqslant P(A)$ 且 $P(A\ or\ B) \geqslant P(B)$，后者要求高，发生概率就会降低。

（3）扩展法则（extension rule）：如果 A 是 B 的子集，则 A 发生的概率不高于 B 发生的概率，即 $P(A) \leqslant P(B)$，后者包含前者，则后者要求低，发生概率高。

以规范性模型的标准来看，以上 3 个法则没有本质区别。对任意事件 A 和事件 B，如果 A 是 B 的子集，则 B 总能以一种析取或分离（disjunction）的形式进行表示，A 是组成部分之一；A 也总能以一种合取或结合（conjunction）的形式进行表示，B 是组成部分之一。

想必有些读者会提出疑问，既然这些法则是相通的，为什么特 & 卡以合取法则为基础，将违反规范性模型的行为命名为合取谬误（conjunction fallacy）呢？在我看来，他们确实可以选择以其他两个法则作为基础，将其命名为析取谬误或扩展谬误。但是，心理学家们有时就是这样随意和武断。其他学者大可以选择与特 & 卡不同的分析角度。比如，人们在阿慧所学专业问题中所犯的错误，从（2）析取法则入手，应该被称为析取错误（disjunction error），其所对应的系统性谬误便可称为析取谬误（disjunction fallacy）。

第二，概率的等级，既与适合性（suitability）相关，也与人们乐于为此打赌的意愿水平相关。也就是说，在不同的判断条件下，人们使用的是相同的内在过程，这个过程并不是基于对概率的扩展性理解进行的。

再给大家举一个简单的例子。请读者比较下面两句话，然后判断：哪一句正确的概率更高？

- 第一句：一位名叫张伟的人，是一位中国男性。
- 第二句：一位名叫张伟的人，是男性。

很显然，正确的答案是第二句，因为第二句包含了第一句。但研究表明，大多数人在选择时会出现析取谬误，下意识地认为第一句正确的概率高。

即使我把关于阿慧专业的问题改成"请问你觉得阿慧将来更适合哪种专业"，请大家重新选择，考察大家的答案会不会发生明显的变化，估计多数人还是会选择"诗歌"。我在课堂上试验过多次，就算改成"你认为阿慧最喜欢的专业是什么"，大家的答案还是"诗歌"。这说明人们几乎不会在意概率的外部延伸和环境，只会关注内部的判断过程，即，人类钟爱采用内部的观点，天然习惯于忽视问题情境的分布属性。

人类这种倾向性，会带来一系列的问题。阿莫斯·特沃斯基曾提出一个特征赋权模型（feature weighting model）[①]。一个复杂的特征组合，在"某些方面"是与目标类别高度相似的，但问题是，该组合在"某些方面"之外的"其他方面"，是与目标类别相差极大的。也就是说，人们认定"越相似，发生概率越高"，于是必然也会认定"越不相似，发生概率越低"，这是一对配套的正向和负向的倾向性组合。这最终会产生一种"两者概率总和超过 100％"的荒谬结果。

比如，我问学生"阿慧读诗歌专业的概率是多少"，学生给出的概率的平均值是 80％（越相似，发生概率越高）；我再问学生"阿慧就读专业不是诗歌的概率是多少"，学生给出概率的平均值绝不止 20％，而是会高很多，可以高达 40％（越不相似，发生概率越低）。这样，学生给出的平均概率之和超过了 100％，这显然不合理。

我在本书 2.5.3 中介绍过的代表性启发式，其本质就是人类通过评价"与原型（prototype）的相似程度（similarity）"来确定其类别的心智过程，与人类对概率进行判断的心智过程，是完全相同的。假设有"事件 X"以及"事件类别 Y"，人们本身对 Y 这类典型事件有一定的认识，X 越是与 Y

---

① TVERSKY A. Features of Similarity[J]. Psychological Review，1977，84：327-352.

相似,人们就越会认为 X 是 Y 的具体实例,越会认定 X 有可能发生。

当然,还存在一些分类模型,似乎采用了外部观点。它们没有把典型性归因于与原型的相似程度,而是归因于其与示例集合的相似程度。相应地,我们可能发现某个看起来很像是示例处理的概率判断模型,它能够解释归因于代表性启发式的某些现象,也能匹配许多其他的概率判断数据。因此,理解特定判断现象的关键,在于我们要承认人类倾向于采用内部观点看待事件:人们总是喜欢先分析事件的属性,然后将此事件的属性记为 A,将此事件所属模型的属性记为 B,再将 A 和 B 这两种属性进行比较,最后做出判断。

2) 概率判断的联想性理论

关于概率判断的诸多联想性模型(associative models),也是关于原型的理论。但联想性模型的特殊之处在于,它们依赖于由错误驱动的增量式学习机制,而这种依赖限制了它们的应用场景。要研究联想性模型,就必须保证那些被人学习的信息是相继出现的。其中心思想在于,在人们被依次暴露于那些信息的过程中,人们将学会如何把线索(cues,也就是属性或特征)与结果(outcomes,典型的结果就是对另一种属性或者某种类别的预测)关联起来,而这种被人习得的联想,就会成为人们后续进行概率判断的基础。

在联想性模型框架下,学者们也发现了人们在概率判断中的许多偏差,这些偏差与特 & 卡发现的典型偏差十分相近。

按照特 & 卡的思路,只需分析内外部模型的简单要素即可,但若要对其进行联想性解释,就要额外分析一些影响因素,以解释人们在面临众多线索时某一特定线索是如何最终胜出的。① 后者在研究层面显然更困难一些。

---

① GLUCK M A, BOWER G H. From Conditioning to Category Learning: An Adaptive Network Model[J]. Journal of Experimental Psychology: General, 1998, 117: 227 - 247.

曾有学者试图用联想性模型解释析取错误[①]，认为人们之所以犯错，是因为人们忽视子集之间的关系，基于联想程度高低来进行条件概率的判断。也有学者用联想性模型解释了合取错误，分析了合取效应（conjunction effect）的形成过程[②]。

按照联想性理论，一个线索（cue，或称属性）与某一结果（outcome）类别的关联程度越高，人们就越容易放大对该结果的预期，从而越容易忽视相关的扩展性信息。而这些扩展性信息，恰恰是由基础比率或问题空间集合提供的关键信息。该理论没有按照特 & 卡的思路分析概率判断过程，但确实提供了很多在判断过程上更加靠前的分析思路。

3）因果性

多年来各项判断与决策研究的强大证据表明，人们在做概率判断时，常常只考虑某一原型事件（prototypical event）的各种属性，而不考虑一个类别中各种属性的分布情况。合取谬误研究中的许多案例表明，从整体上来看，我们无法将人类的概率判断还原为"各独立属性的重合"。1983年，特 & 卡曾给出了 F 先生的例子[③]，为了方便解释，我对此进行了修改。

请问，下面哪一句话为真的概率更高？

（1）孙阿姨患有糖尿病。

（2）孙阿姨患有糖尿病，她很爱吃甜食。

如果读者耐心阅读过本章节前半部分内容，想必已经能够避开这类

---

① LAGNADO D A，SHANKS D R. Probability Judgment in Hierarchical Learning：A Conflict Between Predictiveness and Coherence[J].Cognition，2002，83：81 - 112.

② COBOS P L，ALMARAZ J，GARCÍA-MADRUGA J A. An Associative Framework for Probability Judgment：An Application to Biases[J]. Journal of Experimental Psychology：Learning，Memory and Cognition，2003，29(1)：80 - 96.

③ TVERSKY A，KAHNEMAN D. Extensional Versus Intuitive Reasoning：The Conjunction Fallacy in Probability Judgment[J]. Psychological Review，1983，90(4)：293 - 315.

陷阱了。与第二句相比,显然,第一句话为真的概率更高。但是即使你答对了,也必然是在与自己的直觉做斗争之后才做出回答的。

现在的中老年人爱吃甜食,所以更容易得糖尿病! 这种联想太自然了。尤其是,在第二句话中,后半句对糖尿病的病因进行了解释,所以,爱吃甜食的孙阿姨更具有"代表性",导致大多数人怎么看都觉得第二句话合理、顺眼且自然。

什么样的领导最受爱戴? 做事"有理有据",前因后果分得清,就是符合大家期望的领导。什么样的书读起来顺畅? 叙事"前后对应",前因后果说得通,就是符合大家期望的读物。观众们在看电视剧的时候,最讨厌什么样的编剧? 肯定是因果逻辑混乱、剧情设定莫名其妙的编剧。为什么男二号会在第五集突然爱上了女一号? 如果是因果关系完整的剧本,必定会在前四集提前表现出他看着她时飘然迷离的眼神、他在别人对她示好的时候欲语还休的妒忌模样、他在她受到伤害时无法掩饰的心痛表现。有了因果性(causality),世间的一切才能"说得通",人们才能感到安心。完整的因果性,证实了"我理解中世界的样子就是世界真实的样子",因而帮助人们在主观上减少了不确定性的威胁,表明了自己适应环境和顺利生存的能力。

因果性能带来的影响还不仅限于此。为了更好地说明,我改编了另一个例子①,并在课堂上做了实验。原例中第一句是知更鸟,但我想国人应该更熟悉喜鹊一些,所以调整了一下。

请问,以下哪句话为真的可能性更高?

(1)每只鸟都有一种骨叫籽骨,所以每一只喜鹊都有籽骨。
(2)每只鸟都有一种骨叫籽骨,所以每一只鸵鸟都有籽骨。

我从学生的回答中发现,更多人认为第一句为真的概率更高。其实

---

① RIPS L J. Inductive Judgments About Natural Categories[J]. Journal of Verbal Learning and Verbal Behavior, 1975, 14: 665-681.

在日常生活中，绝大多数人都不是动物学专家或解剖学专家，听说过"籽骨"的人并不多。在完全没有背景知识支撑的情况下，人们只能通过题目给出的信息来判断。喜鹊和鸵鸟都是鸟类，关于这点，基本上没有人会提出疑问，所以，理性的人所做的判断应该是两句话为真的概率相同。但人们总是更倾向于认为，喜鹊更符合传统意义上的鸟类，而鸵鸟又大又笨，还不会飞，感官上让人觉得它更不像典型鸟类应有的样子。由此，许多人忘记了外部结构的限定，即，鸟类都有籽骨，而是从内部观点出发，基于相似程度，即，喜鹊更像鸟，来进行判断。这说明，人们是基于"因果解释是否看上去更可信"来进行概率判断的。这是典型的内部观点。

4) 心智模拟

人们对条件概率（conditional probability）进行的判断，与人们对条件性的"如果-那么"（if-then）类型的表述进行的概率判断，是高度相关的[①]。1931 年，弗兰克·普兰顿·拉姆齐曾就人们做出此类判断的方法进行过讨论[②]，而后来的学者们在他讨论的基础上，提出了条件性表述的意义。拉姆齐及其后续研究者们认为，人们进行判断的战略（为了保持区分度，我在本书中将 strategy 译为战略）往往是这样的：

一个人，为了在已知 p 的情况下判断 q 的概率，

（1）首先要想象出一个世界；

（2）想象在这个世界中，p 为真；

（3）在想象中，检查这个世界，看看其中 q 为真的概率是多少。

特 & 卡于 1982 年提出的心智模拟启发式（mental simulation heuristic）[③]，

---

① OVER D E, EVANS J S B T. The Probability of Conditionals: The Psychological Evidence [J]. Mind and Language, 2003, 18(4): 340 - 358.

② RAMSEY F P. The Foundations of Mathematics and Other Logical Essays[M]. London: Routledge and Kegan Paul, 1931.

③ KAHENEMAN D, TVERSKY A. The Simulation Heuristic [M]//KAHNEMAN D, SLOVIC P, TVERSKY A. (eds). Judgment Under Uncertainty: Heuristics and Biases. Cambridge: Cambridge University Press, 1982.

基本上就是对拉姆齐观点的拓展。

特 & 卡认为，人们就是用这种方式来进行普遍意义上的概率评估的。在面对具体情境时，人们会构建一个合理的因果模型（causal model），然后使用特定的参数设置，在脑海里模拟性地"跑一下"或"运行一下"。人们会认为，在给定的初始条件下，在脑海中模拟运行得到某个目标结果的过程越是简单，则这个结果出现的概率就越高；反过来，对于某个目标结果，如果越难被心智模拟过程运算出来，则说明这个结果越不容易得到，人们就倾向于认为该结果出现的概率越低。

要通过上述方式对一个事件的发生概率进行评估，就需要判断者采用内部的观点。人们需要重点关注个体的情景或个人的故事，而不是一系列案例集合的属性分布。

模拟启发式导致的谬误中，最常见的就是我在本书 3.1.1 中提到过的规划谬误。这种谬误之所以会出现，很有可能是因为人们在估计项目完成时间时进行了一次思维模拟，认为这种顺利的模拟过程是可行的，中间好像没有遇到什么太大的障碍。问题在于，人们在做这种模拟的时候，忘记了外部因素的存在。

5）路径的数量

我要在这里介绍的最后一种内部观点，就是人们喜欢拿"可能存在的路径数量"作为概率判断的依据。假设有 A 和 B 两种结果，若导致 A 出现的原因更多，则人们就更容易认为出现 A 结果的概率更高；但如果导致 B 出现的原因随后变多了，人们就会认为 A 出现的概率变低。要是人们真的这么理性，把 A 和 B 的原因列全了，把这些原因本身的概率都估计一下，其实上述想法也没有太大的问题。可是人们从来只会考虑几种可能的情况，而且要注意，在现实世界中，人们是尽可能少地去考虑情况的种类和数量的。通常人们只会考虑一种情况。这就是学者们所说的简化启发式（simplifying heuristic）。

人们喜欢使用单路径（single-path）和多路径（several-path）复合的战略。与多路径战略相比，单路径战略会使人做出更高的概率估计。即便人们一开始在脑海中产生了许多个因果情景，在真正做出概率判断之前，还是会倾向于在脑海中删除那些不怎么可信的情景。很明显，单路径战略需要人们采用内部观点。即便已知有多种路径符合条件，人们也会采用内部观点进行判断，当然，人们会利用关于其他路径的知识来调整最终的判断。

在基于不确定的前提进行概率判断或预测时，人们仍然会使用相似的简化战略。为了说明此问题，我改编了一个有趣的实验[①]。

假设你去土耳其旅游的时候，被邀请去观看一场必须分出胜负的足球淘汰赛。其中有一支球队叫做"暴风雨"梦之队，另一支球队叫做"圣火令"梦之队。此时，你望向天空，发现有一大片乌云正在向球场这边飘来。请问，你会赌哪一支球队赢？

我相信，在完全不了解土耳其这两支球队实力的情况下，大多数人会认为"暴风雨"梦之队会赢。注意，不是迷信的旧封建主义者会如此判断，而是几乎所有文化背景下的人都倾向于如此判断。

在此问题中，人们的判断过程往往会体现出串联推断（cascaded inference）的特征。第一步，人们基于一个已知的前提来进行概率推断；第二步，以此未知的判断为条件，做进一步的概率推断。

首先，人们采用的是一种"似乎要成"的战略，完成第一步推断——判断会不会下雨。乌云飘来，则人们判断"下雨的概率很高"。

其次，在假定必然将会下雨的情况下，完成第二步推断——认为名叫"暴风雨"的球队会踢得更好，而"圣火令"队的战斗力更可能被一场大雨浇灭。

---

① STEIGER J H, GETTYS C F. Best-Guess Errors in Multistage Inference[J]. Journal of Experimental Psychology, 1972, 92: 1-7.或者 DOUGHERTY M R P, GETTYS C F, THOMAS R P. The Role of Mental Simulation in Judgments of Likelihood[J]. Organizational Behavior and Human Decision Processes, 1997, 70: 135-148.

还记得贝叶斯公式吗？按照这两步推断，理论上未来的现实世界中可能存在的情况应该是以下 4 种：

A. 下雨，暴风雨队赢；

B. 下雨，圣火令队赢；

C. 不下雨，暴风雨队赢；

D. 不下雨，圣火令队赢。

虽然这 4 种情况发生的概率之和为 1，但是看见的人，最终只考虑了在"必定要下雨"的前提下"暴风雨"队"必定会在雨天赢球"的情况。也就是说，人们最终只将情况 A 考虑在内了。

这种过度简化的倾向，导致人们最终在穿越推断链条的过程中不再考虑其他路径，完全放弃了其他 3 种情况，也就等于放弃了外部观点。人们采用内部观点时，只考虑 A 的可能性，从而让 A 看上去更具有代表性，最终对 A 发生的概率进行了夸张的误判。

学者们有时会将上述战略称为"最佳评估"（best guess）或"似乎"（as if）战略，意指人们在进行第二步推断时，"似乎"第一步推断中的"最有可能"出现的结果"已经发生了"，而实际上那只是非常有可能而已，并不是既成事实。

学者们发现，人们总是倾向于用单路径战略进行判断，原因在于情况 A"本来就是人们认为最有可能发生"的结果。即使你把 A、B、C、D 这 4 种情况一一列出来给人们看，人们仍然无法理性思考。

假设有一个抽奖游戏，一共 59 张奖券，但其中只有一张是中奖券。你和甲、乙、丙、丁一共 5 人参与抽奖，按照下列 2 种样式分配抽奖券：

（1）你拿 17 张，甲、乙、丙、丁分别得到 11、11、10、10 张；

（2）你拿 17 张，甲、乙、丙、丁分别得到 16、9、9、8 张。

请问，你觉得按照哪种分法，会让你的赢面更大一些？

理论上讲，这两种分配方法下你的中奖概率应该是一样的，皆为17/59。但人们的真实反应并非如此：更多人认为，按照第一种分法，自己会对中奖机会持有更乐观的心态①。这被学者们称为替代结果效应（alternative-outcomes effect）。

大家在此时都是很难着眼于全局的，因为天然具有的启发式，第二种分法会让人自动地把自己的17张抽奖券和甲的16张抽奖券进行比较，这会让人对于"领先于其他参与者的信心"发生变化。如果普通人都能克服此类错误心态，那我们在备战高考的班级中也许就不会感受到如此大的竞争压力了。

高考的竞争，显然是在全省，甚至是全国范围内展开的。对自己的胜率持有理性心态的人，应该关注的是"自己与全部竞争者相比处在怎样的地位"。而高中生们往往难以避开简化启发式的影响，陷入"与人数少得可怜的同班同学展开白热化竞争的陷阱之中"。比如：

在一个升学率低得可怜的高中，尖子生们明明在全体竞争考生中没有明显优势，还是常把"整体的竞争"简化为"班内的竞争"，竟然常常因过度自信而疏于复习（基于替代结果效应，远远领先于身边的同学，进而高估自己的能力和成功率），最终没能上榜。

而在一个学霸云集的优秀高中，班里的差生们明明在高考竞争中具备相当的优势，但他们也会把"整体的竞争"简化为"班内的竞争"，常常处于信心不足的状态（基于替代结果效应，远远落后于班里的尖子生，于是低估自己的能力和成功率）。实际上，即便他们不够自信，往往也能考入不错的大学。更令人惋惜的是，有些人对自己的真实水平缺乏客观认识，因为信心不足而发挥失常，最终名落孙山。

---

① WINDSHITL P D, YOUNG M E, JENSON M E. Likelihood Judgment Based on Previously Observed Outcomes：The Alternative-Outcomes Effect in a Learning Paradigm［J］. Memory and Cognition，2002，30：469-477.

人类天然具有如此倾向,自动简化贝叶斯公式中各类条件概率的数量,采用单路径战略进行估计,并依据这个不全面、不完整的估计,放弃外部观点,仅从内部观点出发,进行概率判断。用启发式与偏差学者的话来说,人们的此类行为无法得到与规范性模型一致的结果,就是在犯错,就是不理性的表现。

3.1.3 外部观点的模型

1) 外展性推理

曾有学者们将不熟悉概率演算的人称为幼稚推理者(naïve reasoner),但即便被冠以如此称号,学者们仍然认为他们可以采用外展的方式进行概率判断。所谓外展性推理(extensional reasoning)①,是指在对某一事件的发生概率进行推断时,采用各类不同的推断方式,尽量穷尽此事可能发生的各种情况。使用外展性推理的人,会在脑海中建立各种关于问题情境的思维模型,然后在脑海中完成这些模型的计算工作。

在现实世界中,人们要面对两个无法克服的障碍:

一是不可能穷尽所有的可能性,也不可能把每一种可能路径的概率都计算出来;

二是所获得的信息总是不完整的,人们既然无法准确获知每一种可能路径的发生概率,便倾向于认为同一水平上的路径是等概率的,而这种完美的等概率划分在现实世界中实属罕见。

举个例子。你在爬山时遇到一个三岔路口,没有导航,没有地图,没人可以询问。在这种没有额外信息的情况下,你很自然地就把每条路通向正确方向的概率都定为三分之一,然后按照这种思路进行复合计算。比如,如果其中两条路通向山顶,一条路通向山脚下,那么你就会认为自己最终能走到山顶的概率就是三分之二。

---

① JOHNSON-LAIRD P N, LEGRENZI P, GIROTTO V, et al. Naïve Probability: A Mental Model Theory of Extensional Reasoning[J]. Psychological Review, 1999, 106: 62 - 88.

但以上只是幼稚推理者的做法，而且这类划分方式常常是不稳定的。比如，有些人会这样划分：前方的路，不管是哪一条，其实只有两种结局，要么通向山顶，要么通向山脚下，所以按照这种划分，选择每一条路的成功率都变成了二分之一。

让情况变得更加复杂的是，每个人对情势的判断，都预先设有自己的一套权重分配方式。很有可能出现的情况是，有一类人，在他们遇到这个三岔口之后，依然认定不管选择了哪一条路，最终他们都是通向山顶的。也就是说，他们的立场从外部观点变成了内部观点，只依赖于自己的内部判断来采取行动。也许他们在早期推理时使用过外部观点，但是在分配权重时又回到了内部观点。

2）可得性启发式

前文讲到过，可得性启发式的研究源于特 & 卡，他们当初在研究人对频数和概率的判断时发现，哪一件事更容易被想起来，人们就会根据哪一件事来进行估计①。可得性是一种生态性上有效的线索，可以帮助人获得对频数的估计，因为对人类来说，某件事发生得越频繁，就越容易被记起。很显然，这会导致错误的出现。

举个例子。

填字母组成单词，看能写出多少个单词。

题目 A 是"＿＿＿＿ ing"，

题目 B 是"＿＿＿＿＿ n ＿"，

现在请你估计一下，最终可以作为答案的单词数量，是 A 更多还是 B 更多？

---

① TVERSKY A，KAHNEMAN D. Availability：A Heuristic for Judging Frequency and Probability[J]. Cognitive Psychology，1973，5：207-232.

很多人下意识地回答 A 多,因为似乎很多动词的动名词形式都以"ing"结尾。

但真实的答案是 B,因为所有 A 的答案都一定也是 B 的答案:"ing"本身就是"_ n _"的一种形式。可正是由于 B 的典型单词很难一下子被人记起,所以人们就用可得性来进行概率估计,做出了错误的选择。

这同样也能解释为什么很多看似和睦的夫妻却总爱彼此抱怨。丈夫洗碗的次数其实不少,但是只要有两三次没有洗,遭到了妻子的批评,双方便都会对这两三次的不愉快记忆犹新。一旦有了争执,双方交流时表达的方式很可能就是"你总是百般挑剔""你总是想尽办法偷懒"。这里的"总是",很显然是在用可得性(更容易被记起的洗碗争吵事件)来进行错误估计,放大了两个人不愉快的次数。

可得性启发式不仅限于更容易被记起的先期事件,也可以涉及更容易在环境中被发现的事物①——这都是采用外部观点而导致的错误。比如,你在手机上用某个应用平台浏览新闻,正好看到了一次关于空难的报道。该新闻应用很可能会判定你喜欢此类报道,在短时间内会增加向你推送空难类报道的概率。这样,你很快就会了解到大量关于航空事故的事件和信息,导致自己极易忽视其他因素,武断地认定坐飞机是非常不安全的出行方式。事实上,航空相比陆路交通已经是非常安全的出行方式了,但是可得性启发式让你产生了系统性的错误判断。

既然记忆中事件的可得性会导致系统性错误,那么,依靠"从记忆中提取案例"的方式来进行概率判断,就很可能导致严重的偏差。比如,当一个人说了"某地人里骗子多",他便会立刻从记忆中提取各种关于"某地骗子"的案例,忽视了其他地区的骗子,也忽视了那些"某地人诚实守信"的案例。尽管他记忆中的案例数据可能并不支持"某地人里骗子多"这样

---

① FIEDLER K. Beware of Samples! A Cognitive-Ecological Sampling Approach to Judgment Biases[J]. Psychological Review,2000,107:659-676.

的结论，但是他选择了带有偏见的抽样方式，并且很有可能意识不到自己如此做是错误的。

总的来说，可得性启发式的作用就是方便人们选择或建立一个事件集合。如果最终只选出了一个事件（比如某人只听说过一个某地骗子的故事），推理者就是以内部观点来进行概率判断的（因为这个人只从记忆中抽取了一个孤例）。如果最终选出了一个事件集合（比如他记忆中有许多与骗子有关的故事），推理者此时就要进行一次选择：要么继续采取内部观点，简单地在所有事件的各种属性间进行一种平均（犯诸如规划谬误这样的错误）；要么选择外部观点，先用分布模式来评价众多事件某一属性的相对情况，再对概率进行估计。

3) 嵌套集合

一个人在进行概率判断时，若采用了内部观点，好处之一就是能充分利用自己的相关知识，但随之产生的问题是无法像外部观点一样将各种关系明确表示出来。只关注一种属性类别的内部结构（internal structure of a category），会让人忽视类别案件的分布结构（distributional structure of category instances）。比如当我只看我女儿的个人条件时，会忘记其他小朋友的综合情况，从而低估了她的入学难度。相比之下，外部观点就能将类别纳入关系清晰地表示出来。通过对案例分布的展示，案例集合中的简单关系也会很自然地被展示出来①。

所谓嵌套集合假设（nested-sets hypothesis）②就是假设：

① 在所有其他条件相同的情况下，人们总是倾向于采用内部观点；

---

① TVERSKY A, KAHNEMAN D. Extensional Versus Intuitive Reasoning：The Conjunction Fallacy in Probability Judgment[J]. Psychological Review, 1983, 90：293-315.

② SLOMAN S A, OVER D E. Probability Judgment：From the Inside and Out[M]//Over D E. (eds.). Evolution and the Psychology of Thinking：The Debate. Hove：Psychology Press, 2003.

② 但是，想要展示或表征案例，就必须采用外部观点，因为只有外部观点才能让案例集合纳入关系看起来清晰明确。

研究显示，利用可以揭示嵌套集合关系的图表来描述问题，合取谬误和对基础比率的忽视（base-rate neglect）等错误的发生率就会大大降低。反过来，能给出正确答案的人，在复盘时往往更有可能画出表征嵌套集合关系的图表。

另外，人们在判断单一事件的发生概率时，如果问题本身是以案例频数的形式来描述的，则人们就有可能给出正确的判断。这说明频数更能激发人们使用外部观点来进行判断。让人们思考某一类别的多种案例，而不是让他们采用更随意的内部观点（即基于案例属性的观点），就能构建一个频数的问题框架，诱导人们采用外部观点。其实这很容易理解，毕竟，给人们一个经过处理的数据，不如把自然频数列出来逐一数过来给他们看来得更直接。

4) 统计启发式

在启发式与偏差研究学者们看来，在进行概率判断时行为天真、判断方法简单粗暴的人所采用的都是内部观点。启发式与偏差研究学者希望人们更多地采用外部观点。

有哪些因素可以促使人们从内部观点转向外部观点呢？他们认为，人的统计直觉，源于对随机化工具的认识。随机化工具很常见，一个人从小到大所经历过的掷色子、扔硬币、抽扑克牌、彩票摇号抽奖等过程，都可以培养他对"随机"这一现象的认识。小孩子先要学习到物理上的因果关系（因为掷色子，所以能产生随机数），然后才能在脑海中产生对不确定性的认识（原来掷色子的结果总是随机的、不确定的）；先要有对因果机制的认识，而后才能对该机制所能产生的结果进行预测。其实"随机"这种现象并没有人们想象中的那般容易理解。

在一个孩子看来，尽管一开始世界是陌生的，但是父母用各种确定性让他了解了这个世界。按下开关，然后床头灯就亮了；饿了便大声哭，然后妈妈就来喂他；叫一声"爸爸"，然后那个面容熟悉的男人就会关注他。这种确定性，是其他人刻意为孩子创造出来的环境特征。当然，对无人看管的孩子来说，"大声叫能吓走老鼠"是大自然为他创造的确定性。慢慢地，孩子就习惯了确定性的存在，会对其所涉之事尽可能地进行预测。后来，孩子知道了有时即便自己喊出了"爸爸"，那个面容熟悉的男人也可能不会关注自己；还知道了掷色子的结果可能是 3 也可能是 5。此时，他就能更好地理解：某个特定结果，是有其不可预测性的；重复的试验之间，是有其相关性的。这说明，人类本就具有统计启发式（statistical heuristics）①，会直觉性地根据经验进行近似于规范性统计过程的推断。

既然人本就具备统计启发式，为什么还偏爱内部观点呢？有学者提出了三种解释②。

第一，应用统计启发式是有前提的——样本空间（sample space）和采样过程（sampling process）必须清晰且明确。

一个色子掷出去，只能是"从 1 到 6"这 6 种结果——样本空间明确；要得出这些结果，只要反复掷色子，这 6 个数字早晚都会出现——采样过程明确。这样一来，人们才会产生"采用外部观点是很容易进行判断的"这样的感受，从而愿意使用统计启发式。

第二，随机过程的显著性必须足够强。

虽然很多事情是随机的，但如果这种随机性太隐蔽，发现不了，人们还是会采用内部观点来进行概率判断。比如，我们常能看到很多"成功学"大师或大企业家进行公开演讲。他们果真厉害，还是他们只是某个时

---

① PIAGET J, INHELDER B. The Genesis of the Idea of Chance in the Child[M]. Paris: Presses Universitaires de France，1951.

② NISBETT R E, KRANTZ D H, JEPSON C, et al. The Use of Statistical Heuristics in Everyday Inductive Reasoning[J]. Psychological Review，1983，90：339-363.

代里在某个特定行业中被随机挑选出来的幸运者呢？其实我们无法判断。又如,很多人在找工作的时候,会把"即将到来的面试"当作"单一事件"来对待,严阵以待,认真准备,所以一旦失败,就很容易意志消沉,倍感挫折。但实际上,这也是一种随机的过程,要得到"被录用"的结果,申请者需要做的无非"重复试验"而已。因为这种随机过程是不显著的,所以人们会倾向于采用内部观点来看待这些问题。

第三,则是文化。

如果满屋子都是经受过统计培训的同事,你肯定会受他们影响,习惯于用理智而科学的方式思考问题。相反,如果在你的文化认知中,每一种既定结果都是"前世姻缘""天命注定""必然如此"的,则你就更不愿意采用外部观点来进行概率判断了。

3.1.4 内外之争

虽然我已经将内外部观点主要的模型列出来了,但是内外观点的界线到底应该画在何处,仍是一个难题。

概括地说,外部观点就是要求人们先把事例或概率的集合都罗列出来,然后根据该集合的某种分布式属性作出概率判断。也就是说,内部观点只关注因果性或相似性关系(启发式与偏差研究学者认为这是不够的),外部观点更关注结构性关系。

尽管两种观点都会导致谬误的产生,但其产生谬误的原因是有区别的。采用内部观点的人容易违反概率法则,因为人在进化过程中形成的评估方式是不受概率上的一致性限制的(也就是我在《不止于理性》一书中所说的连贯性)。相比之下,外部观点在出发点上是力图符合概率法则的,如果导致谬误,则只是判断者对问题空间的计算过程不完整或计算方法不正确。

所以,如果你想要满足连贯性的要求,就该采用外部观点作出更好的概率判断(启发式与偏差研究学者认为理性的人都应该追求这种结果)。
要实现他们所谓的无偏差的概率判断,你需要做到:

第一步,做出合理的问题表征,即把问题表述清楚;

第二步,以一种分布式的眼光看待相关事件,即把该纳入的都纳入进来,构建应有的完整分布。

这两个步骤,看上去不难,但是在真正实施的时候,人们就会发现,即便是完成第一步,就已然退回到内部观点了。既然要把问题表述清楚,那你就不得不把相似的事件归为一类,用因果关系决定相关性,用相关性的强度水平来为各个选项赋权,而这些活动本质上就是从单纯的内部立场出发的。

这不是要把人逼疯吗? 不止如此! 采用外部观点,必然要求我们超越特定的事例,站在更高的角度,俯视这一事例所代表的一整个类别的事例,然后才能对某些属性进行分布式观察。问题是,正是"特殊的"事例及其所有的属性,才让我们在脑海中构建了对这个世界的表征! 这种主观的表征力量太大了,要做到绝对客观,几乎是不可能的吧! ?

3. 2 吉仁泽眼中不必要的"改正"：
对概率判断的校准

3.2.1 判断并非都是笃定的

在生活中,人们的日常概率判断,并不是一锤子买卖,而是可以商量、可以讨价还价的。第一次看到女儿的男朋友、觉得很不满意、不赞成他们交往的老父亲,第一次去北京、尝到老北京豆汁儿、就发誓这辈子再也不喝第二次的游客,他们"当下的"概率判断,表面看来是笃定的,但是他们极有可能在不远的将来改变自己的看法。

问题在于,人们在对所做的概率判断进行表达时,常常会采用看起来不合逻辑的方式。比如,有些情侣,在表达对另一半的忠贞之心时,会说"山无棱,江水为竭,冬雷震震,夏雨雪,天地合,乃敢与君绝"之类的话。这类话可能真的符合表达者"当下的"心态,可是,这属于直觉性的概率判断吗?单单是"山无棱"这一条,就是不可能出现的事情,因为显然无棱之物本身就很难被定义为山;同样地,天地若合,则本无天地之分。所以,这类直觉性的判断,虽然在我们的生活中非常重要,也很常见,但研究起来并不容易。

我们常常会发现,人们在做概率判断的表达时,往往不是出于单一目的,也不总是采用单一方式。当一个人说"直到海枯石烂我也不会原谅你"的时候,他可能同时在表达:① 劝说对方,即,你不必在这里求我原谅,纯属是白费功夫;② 鼓励对方,即,你应该更加努力地补偿我,我才有可能原谅你;③ 反驳对方,即,你怎么可能轻易认定我有任何原谅你的可能?因此,判断者本人早已超越了概率判断表达的第一层含义:单纯表达我对某件事(原谅你)的发生概率的判断结果。这个结果,显然是一个主观的信念。

我把"观察女儿的男朋友"这件事,用更学术化的方式来表达一次。

问题一:你觉得这个小伙子不可靠,女儿与他交往不会得到幸福,是不是?

老父亲可以回答:A 是;B 不是。

他当下非常讨厌女儿的这个男朋友,所以选择了"A"。

问题二:你对"A 是"这个答案有多大的把握、有多强的信心?

此时的老父亲,但凡理智一点,就绝不会表示自己"100％肯定"。因此，他的这种把握或信心，应该以小于100％的百分数，或以概率的形式进行表达。也许他认为自己特别擅长辨别一个人的好坏，于是回答说"我有七成把握"，即，他对"A"这个答案有70％的信心。

当老父亲对问题一给出了"A"的回答时，大家会觉得他看起来是信心满满、有100％把握的样子。但到了问题二，他的回答变成了"70％"。其间发生了什么呢？也许女儿的男朋友在谈话之间体现出了对女儿的丝丝爱护，也许老父亲在遇到第二个问题的追问后，反省了自己对问题一的回答。不管原因是什么，老父亲都对自己所做的概率判断实施了校准。

对概率判断的校准（probability judgment calibration），本质上属于心理学上常说的元认知（metacognition），即关于自己已具备知识的知识。

举例来说，我是个气象学家，我已经通过计算和观察"知道"明天会下雨——这是作判断；其实我没有十足的把握说明天一定会下雨，所以我会给出一个概率形式的指标，作为对自己所作判断的信心值。比如，我可能会说"明天会下雨"这句话正确的概率是80％——这就是进行校准，这种校准就是一种元认知（对认知的认知），体现了我对我已具备知识（得知明天有雨这一点知识）的知识水平（把握或信心）。

3.2.2　判断校准曲线与校准失误

非黑即白的选择，属于一种硬性选择。比如，当你被问到"上海和广州哪个城市人口多"时，你只能在两个城市中选择一个；或者，被问到"明天是否下雨"时，你要么选择"下雨"，要么选择"不下雨"。

而当你回答完毕之后，可能又会被问到"对自己的判断有多大把握"。既然上面两个问题都是二选一的选择模式，则你的正确率至少是50％，所以当你要表达"自己有多大把握时"，也是从50％到100％之间作出选择。大多数人会以5或10这样的整数作为间隔，可能回答50％、55％、60％……95％、100％等。

因为硬性选择不是日常生活的主流判断方式,所以我在此要向大家介绍完整的校准曲线。国内有人将其翻译为全量表判断(full range judgment),一般间隔是 10%。比如,先问你"明天股票升值的概率是多少",然后让你比较实际的升值概率,如果两者相吻合,就称之为"校准的"。

完整校准曲线是如何得到的呢?

首先,让一个人对一组不同结果的出现频率进行判断;

然后,列出真实的结果频率;

最后,根据他判断的概率和真实频率,画出判断校准曲线。

举个例子,让某人粗略地看一看眼前的这堆豆子,里面有红豆有绿豆,让他闭着眼拿出一粒豆子,问他"拿出的这一粒是红豆的概率",然后把他估计出来的概率(X 轴)与实际上红豆所占的比例(Y 轴)列出来,就可以得到判断校准曲线了。

图 3-1 就是 5 种典型的曲线。

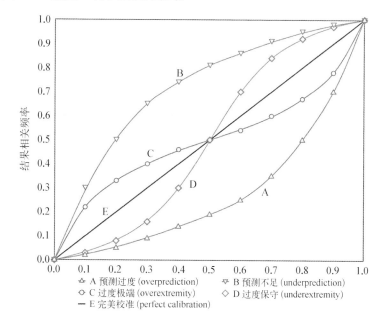

图 3-1　完整范围的校准曲线

心理学上常说的"过度自信"（overconfidence），作为一种校准失误（miscalibration），实际上有两种表现形式，一种是曲线 A，就是所作判断始终高于真实频率，另一种是曲线 C，即总是给出更极端的频率（只要觉得红豆超过一半，就倾向于给出更接近 100% 的概率判断；只要觉得红豆少于一半，就倾向于给出更接近 0 的答案）。曲线 B 与曲线 A 对应，其所作判断始终低于真实频率；而总是给出保守答案的曲线 D，就与曲线 C 形成了对应。

细心的读者一定已经产生了疑惑：我判断得准不准，与我对自己的判断有没有把握，这两者之间会不会存在某种关系呢？

如果红豆和绿豆的总数量都在 10 以内，我相信大家会认为这些题目很简单，但是，果真每个人都会贴合曲线 E 进行完美校准吗？应该不会，因为总有一些"粗心但自信"的人，也总有一些人"保守而细致"。

日常生活经验告诉我们，整体来讲，越容易的题目，回答起来越有把握，预测过度的可能性就越低——学者们称之为难度效应（difficulty effect）或难易效应（hard-easy effect）[1]。

再来一次学术化的表示。我在这里将回答的准确度用 Accu（accuracy，准确度）表示，将预测过度或不足的情况用 Bias（偏差）表示，将人们对自己给出回答的把握程度用 Conf（confidence，信心）表示。

很显然，Bias＝Conf－Accu，而所谓的偏差（就是启发式与偏差研究领域学者希望大家能改进或去除的东西），就是对自己回答的把握与实际回答准确度之间的差。

计算一下 Bias 和 Accu 的协方差 Cov（covariance，协方差）：

$$Cov(Bias, Accu) = Cov(Conf, Accu) - Var(Accu)$$

这里依据的都是基本的统计原理，Accu 自身与自身的协方差显然就

① LICHTENSTEIN S, FISCHHOFF B, PHILLIPS L D. Calibration of Probabilities: The State of Art to 1980[M]//KAHNEMAN D, SLOVIC P, TVERSKY A. (eds). Judgment Under Uncertainty: Heuristics and Biases. Cambridge: Cambridge University Press, 1982: 306-334.

是其方差(variance)。如果 Conf 和 Accu 特别相关(此处用 Corr 表示 correlation,相关系数),也就是相关系数特别大的话,上式就是可为正的:

$$\mathrm{Corr(Conf,Accu)} > \frac{\mathrm{SD(Accu)}}{\mathrm{SD(Conf)}}$$

所以,难度效应的本质,其实是信心和准确度的均值之间较低的相关罢了。

这样,学者们就能总结出人类做判断时的倾向:

① 过度自信是常态;

② 过度自信的程度取决于难度,校准曲线应该是相对平缓而不是迅猛上升的;

③ 只有在难度特别低的时候,才会出现信心不足的情况;

④ 完美校准是有可能出现的。

3.2.3 校准曲线的应用举例

有了校准曲线,我们就可以对心理学界提出的各种模型进行解释和分析。

举例来说,对于过度自信问题,早期的学者多认为是信息搜索策略和动机方面的因素导致的。为此,有人提出了确认偏差模型(confirmatory bias model)[①]。也就是说,人们会在选择好自己的假设之后,自动地寻求该假设的支撑和证据,忽视对这个假设不利的证据。

比如,当你作为老丈人已经确认女儿的现任男友配不上自己女儿的时候,你就会对这个男人怎么看都觉得不顺眼:眼也有点歪、嘴也有点斜、两条腿似乎不一样长、吃饭还吧唧嘴,全然忘却了他可以跑马拉松、身为大学教师、智慧超群等事实。体现在校准曲线上,此时的过度自信就以曲线 C 的样子呈现,即在信息收集和解释过程中,更容易抛弃保守的立场而

---

① KORIAT A, LICHTENSTEIN S, FISCHHOFF B. Reasons for confidence[J]. Journal of Experimental Psychology: Human Learning & Memory, 1980, 6: 107 - 118.

走向极端，每确认一点结论就将其放大——确认偏差越明显，曲线 C 偏离完美校准曲线 E 的幅度就越大。

关于人类"乐于提出、测试和评价假设"的习惯，是有很多相关研究的，是判断与决策学的热点领域之一。人类在这方面的偏差，其实多数可以用贝叶斯方法解决——尽管吉仁泽等学者认为，如果考虑到环境和人类的进化适应，这都不应该算"错误"或"偏差"，也就不存在什么非要用贝叶斯方法解决的问题了。

3.3 令大卫·休谟意难平的关系判断：相关还是因果？

3.3.1 对相关的规范性解释

我在《不止于理性》一书中曾提到过大卫·休谟对因果论的批判，而我在这里会绕开哲学逻辑思路，深入讲一讲判断与决策学研究的学者们在"人类对环境中事物之间关系的感知"方面的研究。

一方面，"学习"本身就是在学习相关（covariation）；另一方面，因果关系深刻地影响着人类的行为。那么，我们的判断究竟有多准确？我们对因果的执念到底有什么作用？我们之前已有的期望如何影响当下的判断？相关和因果之间到底有什么关系？

小知识

大卫·休谟

大卫·休谟（1711—1776），苏格兰著名的哲学家、历史学家、经济学

家,11 岁进入爱丁堡大学,曾前往法国、奥地利、意大利等地工作和学习,虽然哲学研究能力非凡,但以《大不列颠》一书成名,被当时的人们认为是出色的历史学家。他的最高任职为英国副国务大臣。

在哲学方面,休谟深受英国经验主义者的影响,年仅 26 岁时,他就完成了著名的《人性论》,再加上后来的《人类理解研究》,其哲学成就对卢梭、康德等后世学人影响巨大。他本人也被视为苏格兰启蒙运动中的重要人物之一。

在搞清楚这些问题之前,我们先要明确如何用规范的方法或模型来理解相关和因果。理科生出身并熟识统计的读者,应该听说过标准相关系数(standard correlation coefficient),它属于连续型变量的相关系数。而对于离散型变量而言,其相关系数是卡方 χ^2,以及 φ 系数$\left[\varphi = \left(\dfrac{\chi^2}{N}\right)^{\frac{1}{2}}\right.$,$N$ 是样本量$\left.\right]$。

这都是判断"事件 A 相对于事件 B 的独立性"和"事件 B 相对于事件 A 的独立性"的双向系数。在判断与决策研究中,学者们对单向的独立性更感兴趣,比如结果 O(outcome,结果)单向相对于线索 A 之间的独立性:

$$\Delta P = P(O \mid A) - P(O \mid \sim A)$$

这是一种简化了的卡方(符号不熟悉的读者,可以试着回看一下前文的贝叶斯定理),要点在于计算结果 O"分别在有线索 A 和没有线索 A 时"的概率。如果 $P(O \mid A)$ 大于 $P(O \mid \sim A)$,那么我们就可以说"能够用线索 A 对结果 O 进行预测"。

下面我再把常用的事件组合表格列出来,大家可以看到它越来越像卡方了。

这种 2×2 的矩阵,可以把上式表达成我们更习惯的卡方的样子:

$$P(O \mid A) = \frac{a}{a+b}$$

$$P(O \mid \sim A) = \frac{c}{c+d}$$

$$\Delta P = P(O \mid A) - P(O \mid \sim A) = \frac{a}{a+b} - \frac{c}{c+d}$$

如表 3-1 所示，a，b，c，d 都是事件发生的频数。大多数读者可能都曾迷惑于频数和频率。频数（frequency）其实就是次数，即，总体分成几种组别后，单个组别的个数；频率（relative frequency）就是某个频数占总个数的百分比。

表 3-1　目标线索与结果的卡方四格表

目标线索 A	结果 O	
	有	没有
有	a	b
没有	c	d

要列举相关的例子，就简单多了。比如：

结果 O——"今天老婆很开心"；

线索 A——"今天我为老婆买了美丽的鲜花"。

因为 $\Delta P = P(O \mid A) - P(O \mid \sim A)$，所以很多人会认为，$\Delta P$ 就应该是因果关系的代表，即，如果"买花了且她很开心"的概率大于"没买花且她很开心"的概率，不正好说明"因为买花所以她更开心"吗？

其实这样推导出来的结论是有问题的。正确（且在我看来当然显得有些保守）的结论是："买花"这件事可以作为"她开心"这件事的预测因子。

首先，相关未必是"定向"的，而因果必然是"定向"的。

比如，如果 $b = c$，即"买了花且她不开心的概率"="没买花且她开心的概率"，那你说老婆是"因为开心所以有花"还是"因为有花所以开心"

呢？这就很难说得清楚。即使 b 和 c 不相等，若我们按照"开心所以买花"这种错误逻辑来计算的话，ΔP 也常常不为零，会给我们带来错误的证据。

其次，相关关系，常常是通过已经可以被观察到的事件样本来获取的，而因果关系则是一种（不可能完全被观察到的）整体层面的关系。

也许你只是碰巧前三次买了花且她很开心，三次都属于撞大运而已，所以你得到了"买花就能让她开心"的错误印象。因果判断要求能够超越已有的样本，对整体进行推断。还记得罗素笔下那只可怜的火鸡吗？它发现每天早上主人都会来喂食，得出了"主人总是早上来喂食"的结论，终于，圣诞节到了，早上出现的主人把它宰杀了。我当然不是试图用这个例子要求一只火鸡能超越已有的样本进行因果判断，事实上，火鸡可怜的记忆力才是问题的核心。

伯特兰·阿瑟·威廉·罗素

伯特兰·阿瑟·威廉·罗素（1872—1970）是英国著名的哲学家、数学家、逻辑学家、历史学家、文学家，早年毕业于剑桥大学，学习数学，后来在柏林大学访问，又到伦敦政治经济学院授课。他曾参与反对第一次世界大战的运动，因反对政府和军队打压工人而入狱。他大力倡导教育，去世界各地做讲座、办学校，虽不曾有大部头的小说问世，也因拓展了大众读者的科学和哲学知识而获得了 1950 年诺贝尔文学奖。

哲学方面，他从数理逻辑出发，建立了逻辑原子论和新实在论，成为现代分析哲学的创始人之一；数理逻辑学方面，1910 年他与天才数学家怀特海（Whitehead）共同完成了《数学原理》；政治学方面，他先后出版了《社会重建原则》和《自由之路》，大力提倡自由主义；历史学方面，他完成了脍炙人口的《西方哲学史》；经济学方面，在约翰·梅纳德·凯恩斯（John Maynard Keynes）的大作《利息、就业和货币通论》出版之前，他已经在《悠闲颂》中提出了对节俭行为的挑战。

最后，因果未必相关，存在相关也未必存在因果。

前面这半句话，很好证明。比如，我明明知道老婆是喜欢花的，但是为了验证"买花"和"老婆开心"之间的关系，我连续两周做实验。第一个星期每天都不买花，第二个星期每天都买花。结果呢，却竟然是"她每天都很开心"！$a=c=7, b=d=0$！所以算出来 ΔP 等于 0！难道我能得出"买花没有用"的结论吗？显然不能。所以，因果未必相关。

而要证明后面半句话，实例就更多了。比如，我问你，为什么"冰激凌的销量"总是与"女生热裤的销量"成"正相关"呢？你能说清楚两者到底是"因为谁所以谁"吗？显然是说不清的嘛。其实，很可能不过是因为夏天到了而已，天气热了，爱吃冷饮的人多了，爱穿夏装的人也多了。

我还可以对人们的因果错觉提出进一步的批评。

比如，有人曾因为发现"服用避孕药的女性得血栓的概率较低"而得出了"避孕药能预防血栓"的结论[①]。后来经过分析，人们发现，孕妇本身就是血栓的高发人群，而正是因为服用避孕药，女性群体中怀孕的人少了，得血栓的概率自然就下降了。所以，正确的结论应该是"怀孕使血栓发病率升高"。

3.3.2　对因果的规范性解释

现在比较成熟（但仍需要进一步检验）的能解释因果（causation）的理

---

① HESSLOW G. Two Notes on the Probabilistic Approach to Causality[J]. Philosophy of Science，1976，43：290 – 292.

论,是效力 PC 理论(power PC theory)①:

$$P = \frac{\Delta P}{1 - P(E \mid \sim C)}$$

上面是一个基于 P 的规范性因果判断,即把前文中的 ΔP 和效果的基础比率(base rates)结合起来——得到 $P(E \mid \sim C)$,其中 C(cause,原因)是目标原因,E(effect,效果)是效果。当然,式中的 $\Delta P = P(E \mid C) - P(E \mid \sim C)$,与前文的相关公式如出一辙。也就是说,不管 ΔP 的真实值是多少,只要具有相同的效力,就会产生相同的因果判断。

从上式中可以看出,可能存在另一种原因 X(不管它是什么)带来了结果 E,所以要么是 C,要么是 X,必定有其中之一,只不过得到了相同的 E 而已。如果 C 和 X 是独立的,那么我们就必须测量"如果 C 发生,则导致 E 出现"的概率:

$$P(E) = P(C) \cdot p_C + P(X) \cdot p_X [1 - P(C) \cdot p_C]$$

也就是说,E 发生的概率可以通过两个概率来计算:① C 发生的概率,乘以"C 发生且 C 导致 E 发生的概率",即 p_C;② 如果 C 没有导致 E 发生,那么用 X 发生的概率来乘以"X 发生且导致 E 发生的概率",即 p_X。因为 X 是无法观察的,所以 $P(X) \cdot p_X$ 必然要通过 $P(E \mid \sim C)$ 来估计。

我们可以看到,人类对相关和对因果的判断,其规范性标准是不同的。我必须再重申一遍:因果未必意味着相关,相关也未必意味着因果。

关于人们容易混淆相关与因果的倾向,我想多说几句。大量研究已经表明,当面对复杂的决定时,人总是倾向于限制自己的搜索范围,而试图简化搜索流程,即,如果某人必须对一个复杂问题做出回应,他通常会

---

① CHENG P W. From Covariation to Causation:A Casual Power Theory[J]. Psychological Review,1997,104:367 - 405.

把问题简化到一个容易让自己理解的程度，再进行判断。首先，人类大脑无法消化和理解使用最优方法（规范性模型的解法）所需要的全部信息；再者，即便人类可以消化和理解这些信息，但是出于对"经济性"的考虑（成本问题），人类不愿意费尽心力地使用和计算这些信息；当然，还有一个层面的原因，那就是大量信息是原本未知的，是不可获取，或当下无法轻易获取的。

如此一来，我们是很难将已知信息充分利用起来的。我曾悲观地估计，大部分读者并不会花费时间和精力来理解书中关于相关与因果的各项公式，更不用说代入公式进行细致判断了。原本相关与因果之间的规范性解释就不完美，多有模糊和混淆，如今再加上人为的耗损，对相关与因果的区分和判断，就更加困难了。

3.3.3　对相关与因果的判断行为

事实上，人类是非常善于发现相关和因果关系的。尤其是当我们要在一个个不同的时间点上进行判断时，每个人都对相关和因果这两类关系格外敏感。我们至今还面临着一个难题：到底如何区分相关和因果。效力 PC 理论尚存在一定的局限性，我们还没有发现一种算法，能够判定"相关判断"和"因果判断"的来源。

但是，既然已经有了相关和因果的规范性框架，学者们就把研究的目标对准了"人类对判断的校准"。相关研究表明，人们通常可以作出适度的、稳健的、温和的判断，且在判断时存在系统性误差。例如，像图 3－1 中的曲线 D 显示的那样，人们倾向于低估已然比较低的相关度。这说明，人类的判断总是与效力 PC 理论显示的规范相违背。

1）测试问题的影响

在对人类的判断彻底"失望"之前，我们还需要细致地分析一下所谓精准的判断。显然，世界上不存在单一的因果推断策略，人们也不总是使用单一的策略。研究表明,判断的间隔、判断产生的后果严重程度,甚至人所要面对的测试问题的类型,都会产生一定的影响。人们面前的各类线索是存在竞争的,人们需要在每个判断过程中决定使用或不使用某个线索。如果我们被问到,"你在何种程度上认为 A1 是导致 B 发生的原因",我们常常会将线索 A1、A2、A3 进行比较,因此显得非常纠结。可是如果我们被问到,"你在何种程度上认为 B 是紧跟着 A1 出现的,即便这是偶然的现象",我们常常就会忘记 A2、A3 的存在了[①]。

也许实验中测试问题本身产生的影响,就是导致人们违反效力 PC 理论的原因之一。有学者认为,大多数研究中对被试提出的因果探查,都存在两方面的问题[②]。第一,如果考虑到实验中的上下文背景,因果问题常常是含糊不清的,这将导致被试(不管他使用的是 ΔP 还是效力)依赖自己的解释进行判断。第二,因果问题可能导致被试将因果效力和信度进行不恰当的合并,比如,被试这样想:当我认定 A 和 B 之间的因果性关联较低,要么反映出我所具有的"A 必然产生 B"这个信念的强度很低,要么反映出我对"A 只是有一丝可能产生 B"这个信念的强度很高。

2）判断偏差

因果与相关判断中存在着不少偏差。

比如,当 $P(E\,|\,C)=P(E\,|\sim C)$ 或者 $P(O\,|\,A)=P(O\,|\sim A)$ 时,人们做出的判断常常是大于零的。这显然不符合规范性理论的偏差。根据前文,如果 $P(E\,|\,C)=P(E\,|\sim C)$,则表明,不论所谓的原因 C 是否存在,效果 E 出现的概率没有发生变化;而如果此时人们还是坚持认为两者之差是大于零的,还坚持认为 C 与 E 之间存在因果关系,肯定就是有问题

① MATUTE H，ARCEDIANO F，MILLER R R. Test Question Modulates Cue Competition Between Causes and Between Effects[J]. Journal of Experimental Psychology：Learning，Memory，and Cognition，1996，22：182 - 196.

② BUEHNER M J，CHENG P W，CLIFFORD D. From Covariation to Causation：A Test of the Assumption of Causal Power[J]. Journal of Experimental Psychology：Learning，Memory，and Cognition，2003，29：1119 - 1140.

的了。特别是当只有极小样本量被观察到的时候，这种偏差就显得特别奇怪[①]。

一种更为奇怪的偏差是，当 $P(O \mid A) = P(O \mid \sim A) = 0.75$ 时，与 $P(O \mid A) = P(O \mid \sim A) = 0.25$ 时相比，人们认定两者间存在相关的概率是更高的。有时这种偏差会被称为虚幻相关(illusory correlation)。

还有另外一种偏差变体，体现为人们对 $P(E \mid C)$ 和 $P(O \mid A)$ 的变化更加敏感，认为这两者的变化相较于 $P(E \mid \sim C)$ 和 $P(O \mid \sim A)$ 的变化来说，具有更大的影响力。比如，人们会在进行判断时，赋予 $P(O \mid A)$ 更大的权重，赋予 $P(O \mid \sim A)$ 更小的权重[②]。但我们还不知道为什么会出现这样的现象。

3）多重线索

上述的讨论，都是在现实世界之外的实验室中进行的。生活中的情景，显然要更加复杂。比如，不同的事件之间可能会存在延时，而这个时间差的存在，一定会影响人们对相关或因果关系的判断。而通常情况下，两件事发生的时间越靠近，人们往往会认为其相关或因果系数的数值更大。又如，对于相关或因果关系，人们都有着先验期望，之前就认定两者存在因果关系的人，往往会得出与其他人不同的因果判断结果。

还有一种对现实世界的过度简化，就是只关注单一线索与单一结果之间的共变情况。也就是说，实验室里的研究者，往往只在意某个线索与某个结果之间的协方差，却忽略了更常见的可能性：你所研究的目标线索，其实只是针对该结果的众多潜在预测因子之一而已。

学界普遍能在"其它预测因子会影响人们对目标线索的判断"这一点

---

① SHANKS D R. Associative Versus Contingency Accounts of Category Learning: Reply to Melz, Cheng, Holyoak, and Waldmann [J]. Journal of Experimental Psychology: Learning, Memory, and Cognition, 1993, 19: 1411-1423.

② LOBER K, SHANKS D R. Is Causal Induction Based on Casual Power? Critique of Cheng (1997)[J]. Psychological Review, 2000, 107: 195-212.

上达成共识。

举例来说,如果针对某个特定的原因 C,$P(E \mid C) = 1.0$,$P(E \mid \sim C) = 0.0$,且我们知道所有其他的事件都是常量,则人们将会判断 C 与 E 之间有着很强的因果性。但是,其他潜在原因的存在,能够让人们对 C 的判断产生剧烈变化。

比如,如果 C 总是与另外一个事件同时出现,则 C 的作用会被削弱[1]。我们称之为遮蔽。总的因果效应似乎是被两个预测因子给"分享"掉了,每个因子所能获得的因果判断数值都变小了。在图 3 - 2 中,(b) 显示了在原因 C 发生、效果 E 也发生时,又有事件 X 发生的情况。事件 X 就像一个争功者,将 C 的因果效力分走了一块,降低了人们心目中 C 对 E 的预测能力。

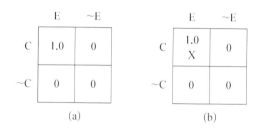

图 3 - 2　遮蔽效应

又如,当 $P(E \mid C) = P(E \mid \sim C) = 1.0$,即不管 C 是否出现,E 都必然出现,则我们本应该判断 C 与 E 的因果系数为零。图 3 - 3 中 (b) 图显示的是,在目标原因 C 未发生、而效果 E 发生时,效果 E 的发生是由另一个事件 X 来预测的。研究显示,不管 C 发生与否,E 都发生了,但是人们在图 3 - 3(b) 情况下更愿意认定 C 与 E 存在因果关系[2]。事件 X 就像一个

①　COBOS P L, LOPEZ F J, CANO A, et al. Mechanisms of Predictive and Diagnostic Causal Induction[J]. Journal of Experimental Psychology: Animal Behavior Processes, 2002, 28: 331 - 346.
②　SHANKS D R. Selectional Processes in Causality Judgment[J]. Memory & Cognition, 1989, 17: 27 - 34.

单独的信号，在 C 未发生时提示人们要注意 C 的重要性。如果情况从（b）变成（a），就好像 C 一出现立刻就能排挤掉事件 X 带来的引导效应，事件 X 的作用似乎瞬间就消失了。

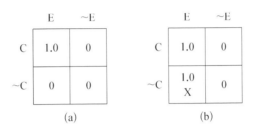

图 3－3　提示效应

再如，假设我们现在有三种情况，都有 $P(E \mid C) = 1.0$ 且 $P(E \mid \sim C) = 0.5$；目标线索 C 总是与另一个线索 X 同时出现。

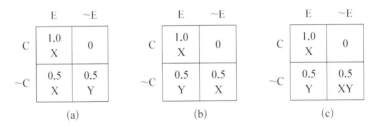

图 3－4　阻止效应与过度学习效应

在图 3－4 的（a）中，即使 C 未出现，只要效果 E 发生，线索 X 也同时出现。我们可以这样表述：

$$CX \rightarrow E$$

$$X \rightarrow E$$

$$Y \rightarrow \sim E$$

对图 3－4（b），情况略有不同，C 未发生时，只要 X 发生，则 E 就不会出现。我们也可以这样表述：

$$CX \rightarrow E$$
$$X \rightarrow \sim E$$
$$Y \rightarrow E$$

研究显示,对于 X 与 E 之间的因果关系,人们是能够从图 3 - 4(a)中学习到的(即,确认 $X \rightarrow E$);然而,正是在图 3 - 4(a)中学到的"X 会导致 E 的出现"这一结论,"阻止"了人们对 C 与 E 之间因果关系的认可(即,否认 $C \rightarrow E$);相比之下,图 3 - 4(b)的情况下,人们并没有表现出上述两个特性。

图 3 - 4(c)的基本设定与(a)、(b)相同,即 $P(E \mid C) = 1.0$ 且 $P(E \mid \sim C) = 0.5$,目标线索 C 总是与另一个线索 X 同时出现。但是在(c)中,X 会在 E 未出现时,与线索 Y 同时出现,而且 Y 也是可以单独预测效果 E 的。我们可以表述为:

$$CX \rightarrow E$$
$$XY \rightarrow \sim E$$
$$Y \rightarrow E$$

这就导致了一种新的"过度学习"现象。C 与 E 的因果关系会显得特别明确,人们此时会认定 C 与 E 的因果效力比(b)的情况下更强。人们如果按照从左到右的顺序依次看过来,就会认为 C 与 E 之间的因果效力越来越强。当 $XY \rightarrow \sim E$、$Y \rightarrow E$ 等稳定出现时,即,Y 可以导致 E 出现,但 X 一出现就会导致 E 无法出现,这种负相关会使得线索 X 成为效果 E 的一个强大预防性因素。而当 X 与 C 同时出现时,E 却出现了!这给人一种印象,即 C 一定有着超强的因果效力,能够克服 X 的预防性作用。阿司匹林是缓解头痛的良药,但是如果某种药物在与阿司匹林同服时竟然还会导致头痛,人们就会认为该药物导致头痛的能力特别强。

上述的几种情形,表明人们对 C 与 E 之间这一目标关系的判断是会发生变化的,即使条件概率 $P(E \mid C)$ 以及 $P(E \mid \sim C)$ 没有受到影响,但其他同时出现的事件会产生一种因果性的作用，使得人们的判断随之改变。

应该如何解释这些作用呢？通常有两种方式：规范性的解释方式；理论性的解释方式。

从规范性的角度来看，要害之处在于，ΔP 和 p 只能通过一系列的事件进行测量，而在这些事件中，所有其他的潜在原因都是保持不变的常量。

比如，让我们考虑一下饮酒与肝癌之间的因果关系。如果喜欢饮酒的人相比不饮酒的人，更有可能在酒席上饮食过量，令自己的肝脏负担加重，则，尽管饮酒与肝癌之间的直接因果关系尚不明确，人们眼中的 ΔP 此时就是一个正数。要研究两者之间到底有没有因果关系，我们必须要比较"饮食过量的饮酒者的肝癌发生率"与"饮食过量的不饮酒者的肝癌发生率"，或者，比较"饮食不过量的饮酒者的肝癌发生率"与"饮食不过量的不饮酒者的肝癌发生率"。也就是说，相关潜在原因（饮食）所具备的选项（过量或不过量）必须是稳定不变的。

所有优秀的实验设计都具备这一特性，混杂因素都要得到控制。在前文阻止效应的例子中，ΔP 的计算，并非通过所有事件，而是通过所有事件集合的一个子集来得到的。相关的事件，在实验组和对照组之间必须是恒定的，比如，在实验组中是 $CX \rightarrow E$ 以及 $X \rightarrow E$，在对照组中是 $CX \rightarrow E$ 以及 $X \rightarrow \sim E$。保持其他的内容不变（X 在两组中都会发生），ΔP 在第一种情况下为 0，第二种情况下为 1，于是证实了阻止效应的存在。

从理论性的角度来看，各个线索之间的交互作用表明，可信的因果推导机制，必须进行有条件的比较，而不能接受无条件的比较。各种候选机制所能实现此目标的能力，应当作为研究探索的对象。比如，在联想学习模型（associative learning models）中，因果关系是随着一次次的试验而增强或减弱的,此中的依据是一种能够不断修正错误的学习算法,这就使得该模型可以在更大的范围内计算不同情境下的条件性对比。

4) 因果推断链

有证据显示,一个线索的因果效力,会受到回顾性推断(retrospective inference)链条的影响。研究的基本情境是,线索 A 与线索 B 混杂在一起,而在其他的情形中,线索 B 也会与线索 C 混杂在一起,所以我们有:$AB \rightarrow E$ 以及 $BC \rightarrow E$;假设线索 C 与效果 E 之间也存在关联,使得 E 要么出现($C \rightarrow E$),要么不出现($C \rightarrow \sim E$)。

对于线索 B 来说,会存在对其进行回顾性重新估值的过程。当人们知道线索 C 与效果 E 之间存在因果关系时($C \rightarrow E$),线索 B 与效果 E 之间的因果效力减弱了;而当人们得知 $C \rightarrow \sim E$ 时,B 与 E 的因果效力会增强。在研究者看来,就好像人们都认为,如果线索 C 不足以导致效果 E 的出现,那就应该回顾性地将所有已知的能够被分配到 B、C 条件上的因果性作用全部考虑进来,从而导致 B 失去了一部分因果效力。

除此之外,对于线索 A 来说,还存在对其进行二阶层面的回顾性重新估值过程,即,当人们知道 $C \rightarrow E$,B 的因果效力减弱,而 A 的因果效力增强了;反之,当人们知道 $C \rightarrow \sim E$,B 的因果效力增强,而 A 的因果效力减弱了。这说明人们会从后向前进行反向推断:如果 C 自己就足够让 E 出现,就要回顾性地将 $BC \rightarrow E$ 的功劳更多地归于 C,更少地归于 B,然后继续回溯,鉴于 $AB \rightarrow E$,则要将更多的功劳归于 A。令人感到惊奇的是,这样的因果推断链,既存在于现场实验中,又存在于线上实验中,而在后者的环境中,被试必须依靠记忆来进行回溯。更令人感到惊奇的是,不仅人类会这样做,有些动物也会如此推断①。

从理论性的角度看,这些效应的出现,完全是由于人们在进行因果判

① DENNISTON J C, SAVASTANO H I, BLAISDELL A P, et al. Cue Competition as a Retrieval Deficit[J]. Learning and Motivation, 2003, 34: 1-31.

断时会始终站在一种理性的立场上，但是，这些效应本身具有一些有趣的特性，可以形成强大的理论冲击力。研究发现，相关信息呈现的顺序，会极大地改变人们的推断，导致人们进行向前推断和向后推断时采用不同的方式。

如果人们看到的是两种不同的顺序，反应是不同的。比如，情景 1 是这样的：

第一阶段，人们依次看到 $AB \rightarrow E$，$BC \rightarrow E$；

第二阶段，人们要么看到 $C \rightarrow E$，要么看到 $C \rightarrow \sim E$。

而情景 2 是这样的：

第一阶段，人们要么看到 $C \rightarrow E$，要么看到 $C \rightarrow \sim E$；

第二阶段，人们依次看到 $AB \rightarrow E$，$BC \rightarrow E$。

在情景 1 中，人们在对 A 进行回顾性重新估值时，其程度与人们对第一阶段的记忆能力密切相关，如果一个人能清楚记得 A 与 B 共同出现时会导致 E 的出现，且 B 与 C 也能一起导致 E 的出现，则这个人就倾向于更改他对 A 的估值，而且更改的幅度更大；而如果另一个人的记性比较差，他对 A 的因果效力值的修改幅度就会比较小。奇怪的是，在情景 2 中，C 是否能够导致 E 的出现，与人们对 A 的估计没有任何关联。这是为什么呢？

情景 2 的结果足以说明，一个逐渐增强的联想过程会在因果判断过程中扮演着很重要的角色①。联想模型（associative models），对信息呈现

---

① DICKINSON A. Causal Learning：An Associative Analysis（The 28th Bartlett Memorial Lecture）[J]. Quarterly Journal of Experimental Psychology，2001，54B：3 - 25.

的顺序非常敏感,该模型对情景 1 和情景 2 的作用给出了不同的理论解释。相关和因果判断依赖于实验顺序,不仅规范性研究要进行解释,对于那些试图描述控制此类判断机制的研究来说也非常重要。联想模型能够捕捉到此类判断过程的一些本质特征。

3.3.4 经验与先验知识

所有从原因到结果的判断过程,都包含预测的行为。

某个原因的出现,或者某些原因集合的出现,都是可得的信息。以此信息为基础,我们可以判断某一种结果是否会出现。但是我们也可以从结果中推得原因,即,以某个结果或某个结果集出现的信息为基础,我们也能回溯性地推断出某个原因或原因集是否曾出现。

用专业术语来描述,上述的两种推断,前者是预测性的(predictive),后者是诊断性的(diagnostic)。以医生为例,当他观察到某些症状(symptom)时,可以判断病人得了某一种特定的疾病(disease)。此时他所做的事情就是诊断性的推理,比如,他会认为是感冒病毒(疾病)导致了高烧(症状)。

预测和诊断,是建立在不同的规范性模型之上的。假设有一位医生正试图判断一个病人发烧的可能性,他的判断会基于他所具有的特定知识:病人患了流感。我们在这里假定流感与高烧之间的因果效力为 1。如图 3 - 5 所示。

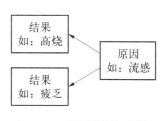

图 3 - 5 预测性判断案例

据此,医生应该会认为该病人出现高烧的概率非常高,而且,根据规范性标准,他不应该受到其他症状的干扰。比如,患了流感的病人也可能同时会显得很疲乏,疲乏也可能作为一种结果出现,但不管医生是否相信病人将会出现疲乏症状,也都不该再改变他对病人发高烧概率的判断。

也就是说,医生不应该在乎其他症状了。不同的结果之间是彼此独立的,它们只是有着共同的原因罢了。在原因 C 发生了的情况下,不管结果 E2 是否会出现,结果 E1 的发生概率总是不变的,即 $P(E1 \mid C\&E2) = P(E1 \mid C)$。

假设这位医生已经有了关于此病人的特定知识,即病人现在体温升高了。医生准备基于此知识来判断病人患上流感的概率。与上文的情形不同,按照规范性标准,医生此时必须考虑到其他导致病人体温升高的原

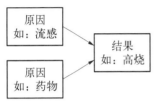

图 3-6　诊断性判断案例

因——也许病人刚刚服用过某些能够导致体温升高的药物。比如,用于解除胃痉挛的颠茄类药物,就可能带来阿托品样毒性反应,导致人体温度骤升。如图 3-6 所示。如果病人刚刚服用过此类药物,即便流感导致高烧的因果效力非常高,医生从高烧推断病人患上流感的判断,其成功率也会大打折扣。

图 3-5、图 3-6 所代表的情形,在规范性意义上是有着本质差异的两种情形。图 3-6 显示的是一个诊断性的案例,医生需要知晓所有潜在原因,然后进行判断;图 3-5 显示的是一个预测性的案例,医生不需要知晓其他同时可能出现的结果,也可以进行判断。也就是说,图 3-6 的情形是在给定了结果 E 的情况下,要判断原因 C1 的发生概率,总是需要考虑到原因 C2 是否发生,即,$P(C1 \mid E\&C2) \neq P(C1 \mid E)$。

关于上述不同情形中存在的条件限制,及其对因果效应的影响,判断者总是有其期望(expectation)和先验知识(prior knowledge)的。当这些期望和先验知识被判断者加以运用,使其产生影响,就会导致上述情形中的问题结果迥异。

现在,我可以对相关判断与因果判断做一下小结了。

总的来说,人类是非常善于发现相关关系和因果关系的,特别是当人们在基于随时间推进而逐个发生的事件进行判断的时候。然而,判断与

决策学领域的学者们也发现了许多违反规范性标准的人类行为。

对于相关关系，诸如 γ 和 ΔP 的标准矩阵已经得到了学界的认可，它们确实是符合规范性标准的模型。特别是 ΔP 的标准矩阵，在定向相关判断过程中，它的解释能力很强。

对于因果关系，情况就没有那么乐观了，上述模型或多或少都存在一定的问题。比如，有一种"天花板效应"（ceiling effect），当 $\Delta P = 0$ 时，所谓的因果关系，很可能并不是决定性的。效力理论（power theory）可以解决一部分问题，比如，它可以明确相关和因果之间存在的差异。

学界面临的困难，主要在于如何在规范性框架下完成上述工作。例如，因果判断对于信息呈现的顺序非常敏感，同时也对判断被诱导提取的频率异常敏感，这些特性就使得判断与决策学研究者们很难提出符合规范性标准和规则的判断模型。

另外，如何为相关与因果判断算法给出明确的定义，也是困扰着判断与决策学研究的一大难题。现在的计算模型，要么对某个判断法则的心智版本做出假设，要么对逐渐增加的联想学习过程做出假设，但就这些方法的相对优劣比较，学界还有不小的争论。

3.4 阿莫斯·特沃斯基无法接受的"近似"答案：判断的锚定与调整

3.4.1 什么是锚定

我在《不止于理性》中曾多次提到，人类对多重可疑指示物是非常敏感的，尤其重视最先出现的几个指示物，会习惯性地、贪图经济性地忽视其他信息。因此，人特别容易受到"最先进入大脑"的信息的影响，形成一个依其进行判断以及后续调整的出发点，学者们称之为一个锚定值（an anchor value）。"锚"这个东西可以比较形象地表现出此类信息的作用，毕竟，人要舟船稳定在哪里，就会在哪里抛锚。

通常情况下，我们对频数和概率的估计都是模糊的。比如，若你现在问我，俄语中有多少个字母，首先我自然会想起英语有 26 个字母，然后我在印象中隐约地感觉俄语好像更加复杂一些。我大概记得俄语字母属于西里尔字母，与希腊字母很像，而且俄罗斯人的姓名特别长，难以拼写，所以我会认为俄语应该比英语更复杂一些，作出 28 个字母或 30 个字母的估计。在这个判断中，英语的 26 个字母，就是我用到的锚定值，我根据这个锚定值对自己的评估进行了一定的调整，但调整后的答案不会过度偏离锚定值。

实际上，俄语有 33 个字母，我刚刚那种"不会过度偏离锚定值"的做法，就是调整不足（underadjust）的表现。将英语字母数量这个锚定值作为指示物，严重影响了我的判断。有些读者可能认为：其实，有个锚定值是好事，否则人要根据什么来判断推导过程？可问题在于，你并没有深究过，这个锚定值是如何出现的。进一步来说，即便这个锚定值的来源是有道理的、有针对性的，你还是可能因为觉得这个锚定值有道理而不敢进行大幅度的调整，导致调整不足。

3.4.2　起锚了

人们的判断，总是容易受到"脑海中最先想到的信息"的强烈影响。这种倾向，涉及许多被证实过的效应，学者们将其统称为锚定效应（anchoring effect）。锚定效应不是单一的称谓，它所描述的是一大类现象，即，人在进行判断时吸收了某个锚定值。

锚定值的来源多种多样，可以经由各种不同的范式"呈现"或"激发"出来。有时人们会自己产生锚定值，有时候人们会接收外在环境中的锚定值。大多数在研究实验中观察到的锚定效应涉及两个步骤，其中一个步骤必须是让一部分被试者明确表现出对某个锚定值的考量。学者们已经在概率估计、法律决策、消费行为、人口频数等多个研究领域确认了锚定效应的存在。虽然"锚定"的说法非常巧妙，能概括各种环境中的相关效应，但这个术语本身并不能帮助我们理解导致这类效应发生的心理过程。

1974 年，特 & 卡首次对锚定与调整启发式开展研究①。在同一篇文章中，他们总结了指导人们直觉判断的三个启发式，另外两个就是可得性启发式和代表性启发式。前文对此已经进行了详细的论述。

特 & 卡认为，人们有时会将复杂的评估过程进行简化，即，先选择一个初始值，然后朝着最终答案的方向，在初始值的基础上进行调整。这个调整的过程，可能存在某种程度上的反复考量，会让调整值越来越远离初始值，直到一个看来似乎比较可靠的估计值出现。比如，在估计一部手机价格的时候，人们会先回想去年同类型手机的价格，然后考虑到物价上涨，在去年价格的基础上进行一定程度的上浮，给出自己的估价。同样，在估计世界第二高峰（乔戈里峰）的高度时，人们会先回想世界第一高峰（珠穆朗玛峰）的高度，然后在此基础上进行下调，给出自己的估值。

通常情况下，调整是不充分的。如果将"人们给出的最终估值"和"人们被锚定的初始值"两两配对，然后进行多组之间的比较，我们就会发现，最终估值的变化方向总是与初始值的变化方向一致。

为了将这种调整不足的行为倾向展现出来，特 & 卡设计出了精彩的研究范式（research paradigm）。

他们将实验过程分成两个步骤，首先让被试回答一些含有比较性估计的问题（比如，亚里士多德出生于公元 1825 年之前还是之后？），然后再让他们直接给出一个估值（比如，亚里士多德出生于哪一年？）。如此一

---

① TVERSKY A，KAHNEMAN D. Judgment Under Uncertainty：Heuristics and Biases[J]. Science，1974，185：1124 - 1130.

来，被试给出的最终估值是否偏向初始值（锚定值），就会一目了然。

后来的无数次研究结果表明，人们的估值受到了锚定值的严重影响。

如果第一次被问的是"亚里士多德出生于公元 1825 年之前还是之后"，则人们会给出"亚里士多德出生于公元前 140 年"的估计；而如果第一次被问的是"亚里士多德出生于公元前 25 000 年之前还是之后"，则人们会给出"亚里士多德出生于公元前 1 200 年"的估计。也就是说，实验人员可以随意调整初始值，然后就能观察到人们的估值被初始值"牵着鼻子走"：初始值被调整到什么方向，人们就会将估值调整到同样的方向。提问者给出的锚定时间越早，被试给出的答案也会越早。也就是说，人们调整估值的方向与实验人员调整初始值的方向总是相同的。

要解释上述现象，表面上看起来是很简单的：人是具备会话逻辑（conversational logic）的，你既然提到了某个信息，必然是因为你要提示或暗示我些什么，所以我会将在前一个问题中给出的信息当成有用的信息。然而，即便实验人员费尽心力地否认了这种逻辑，被试还是表现出了锚定效应。

实验人员曾用各种方法，表明第一步给出的初始值是"随机挑选的"。比如，使用被试的手机号码、身份证号码的末位数作为初始值，采用每位被试的实验号码作为初始值，甚至让被试从自己衣帽的标签上提取出一些数字作为初始值。此时被试"显然应该知道"初始值与后续的估计过程是没有任何关联的，但他们还是被那些无关的初始值锚定了。会话逻辑也许能解释许多日常话语中的锚定效应，但当涉及明显是偶然出现的锚定值的时候，会话逻辑就无法给出合理的解释了。

人们在比较性评估中出现的对锚定值调整不足的行为，传统上一般被学者们看作上述研究范式中所得结果的直接原因。也就是说，传统意义上的解释是，在进行比较性评估时，人们首先会否定锚定值，然后才有意识地进行一系列调整，直到自己获得一个看似可信的估计值。正是因为调整过程在那个看似可信的估计值外围附近停止了，人们才会表现出调整不足。

现在，越来越多的学者注意到了实验室研究中存在的问题。不少学者认为，不论是锚定与调整启发式，还是那些用于阐明锚定与调整启发式的研究范式，都还远远没有碰触到彼此的核心问题。也就是说，对于以下两个研究，我们要注意到，它们两者是有着明显差异的，我们不应该把 A、B 两者作为相互支撑的研究论证。

  A. 特 & 卡引领的锚定与调整启发式研究
  B. 采用特 & 卡设计的标准锚定范式的研究

实际上，B 根本不存在"人从某个锚定值向外调整"的过程。A 中的启发式，是在与 B 完全不同的大背景下运作的。对于 B 中采取的分成两个步骤的实验过程，特 & 卡的本意，是用来展示该启发式本身的，但他们竟然无意中在一个截然不同的战场上引起了新的竞争。

3.4.3 启发式 vs. 偏差

启发式都是捷径规则（short-cut rules），是人们用来简化那些特别复杂的难题使用的本能方法。

比如，在彼此陌生的情况下，要你判断"某人是不是一位运动员"。你的做法往往是先评估"他与一个典型运动员之间的相似度"，然后据此很轻松地给出一个成功率极高的判断。一个人对自己自信或魄力的完美校准估计，通常需要他在自己的脑海中完成准确的记忆搜索（memory search），或者翻阅自己的笔记，但是人天然具有一种直觉，这种直觉令人只想以最轻松的方式完成判断任务，人们此时纳入考量的不过是能立刻映入脑海、对其最有把握的那几点信息罢了。

依靠锚定与调整启发式，一个人会在脑海中自动产生某个"已知较为接近真实答案"但是仍旧"需要调整"的数值。这个接近但仍不准确的锚定值，是人们自动获取的。获取之后对该值进行的一系列调整，会让人们逐渐加入对其他因素的考量，导致估计值越来越远离锚定值。这个调整过程，是受人控制的。这就是 A 研究的核心过程。

然而，在 B 研究中，那些锚定值并不是人们"自我产生的"数值。锚定值来源于外部（比如实验者），而不是被试要对复杂问题进行简化而自动获取的。这些数值显然与问题无关，我们相信被试至少闪过同样的念头，知道自己不该用这些无关的数值作为推断的起点。也就是说，他们是"故意"这样做的。因此，这种心理活动与 A 研究中的被试者有着本质的区别，其内核更接近偏倚/偏差，而不是启发式。

3.4.4 理解标准锚定范式研究

标准锚定范式包含 2 个步骤：

(1) 一个初始的比较性估计（comparative assessment）；
(2) 一个绝对判断（absolute judgment）。

在进行比较性估计时，被试要将靶向值与无关的锚定值放在一起。比如，在某次实验中，研究人员要求被试者回答：

"家猫最高的奔跑速度，是比 35 英里/小时更高还是更低？"[①]

35 英里/小时约等于 16 米/秒或 56 千米/小时。这个问题似乎等于在问"家猫最快能否超过城市道路的常见限速（60 千米/小时）"。如果被试者是一位资深的猫咪爱好者，知道家猫的最快速度是多少，他就要从自己的

---

① JACOWITZ K E, KAHNEMAN D. Measures of Anchoring in Estimation Tasks[M]. Personality and Social Psychology Bulletin, 1995, 21: 1161 - 1167.

脑海中提取这个信息，然后回答问题。然而，并非所有的知识都能起作用。

显然，此时"与锚定值相关的知识"其实比"与锚定值无关的知识"更有用。与锚定值相关的知识有很多，比如刚刚我提到的 35 英里/小时，略低于城市道路限速 60 千米/小时，又如，也许很多人知道世界上速度最快的犬类灵缇犬（又名格力犬，Greyhound）奔跑速度可以超过 60 千米/小时。然而，即便我知道某些普通动物的速度，比如老鼠通常可以跑到 25 千米/小时，对于回答问题本身并没有什么直接的帮助，所以"与锚定值相关的知识"此时更有用。

这就导致一个结果，即，被试者提取记忆信息的过程，是他在"比较性估计中所暗含着的某个假设"的"指导"下完成的。人们可能是这样得到针对某个比较性估计问题的答案的：先建立一个"目标值等于锚定值"的假设，然后测试该假设是否成立。也就是说，他们会先问自己"家猫最高的奔跑速度是不是正好等于 35 英里/小时"。这种假设，会提高与锚定值相同数值的相关信息的可得性（accessibility），而其后果就是，人们只能武断地猜一下，比如"家猫的最高速度是多少"。这种猜测是"朝向锚定值"的一种猜测，因为它是基于用于回答比较性估计问题的可得性信息而作出的。这是一种"选择性的可得性"（selective accessiblity）。

大量研究显示，这些无关的锚定值会增加与其数值相一致的各类信息的可得性。

首先，相比于"锚定值与目标值各自不同的特征"，人们会更容易注意到"锚定值与目标值之间的共性特征"。房产中介通常都会带着顾客至少连续看两套房，因为人们在将"目标房屋的租金"与"作为锚的那套房屋的租金"进行比较之后，当场付款的可能性会明显上升①。人们不仅会花更多时间关注两者相似的特征，比如两套房都是 3 楼、厨房面积相近、主卧

① CHAPMAN G B, JOHNSON E J. Anchoring, Activation and the Construction of Value[J]. Organizational Behavior and Human Decision Processes, 1999, 79: 115 – 153.

都朝阳；而且会在面对一个高价锚和一个低价锚时花更多时间关注高价锚定房屋的正面信息，比如，当他们看到租金更高的参照物时，会更关注它的客厅有多宽敞、小区环境有多安静，而忽略它房型不够方正、没有电梯的负面信息。

其次，那些刚刚完成了标准锚定范式研究实验的被试，识别出与一个锚定值所暗示的内容相一致的字眼的速度，明显高于识别出与其暗示内容不一致的字眼的速度。在 B 研究实验中，人们曾被问到"德国年平均气温是高于还是低于 5 摄氏度"，而在接下来的阅读中，他们会更快地识别出与冬天相关的字词，比如雪花、滑雪运动，其速度明显超过了对夏天相关字词识别的速度，比如沙滩、游泳①。如果之前面对的问题中的锚定值是 20 摄氏度，则他们的对夏天相关字词的识别速度会更高。

再次，比较性估计中的假设一旦被更改，则更改的幅度会影响锚定效应的强度。如果当人们要评价的是"锚定值是否等于目标值"时，这种比较性估计就会使得与锚定值相一致的证据的可得性变高，那么，"锚定值是否高于目标值"这样的比较性估计，就会提高人们武断猜测的数值，而"锚定值是否低于目标值"这样的比较性估计，也会相应地降低人们武断猜测的数值②。在 B 研究实验中，先被问到"易北河的长度是否大于 890 千米"的被试，与先被问到"易北河的长度是否小于 890 千米"的被试相比，在对易北河具体长度进行估计时，会给出更高的数值。

最后，在某个领域有丰富知识的人，在面对一个极端的锚定值时，因其具备更多的信息，更能够找到与该锚定值相一致的证据，所以更不容易受到无关锚定值的影响。另外，在 B 研究实验中，对自己给出的估计越自

---

① MUSSWEILER T，STRACK F. The Use of Category and Exemplar Knowledge in the Solution of Anchoring Tasks[J]. Journal of Personality and Social Psychology，2000，78：1038 - 1052.

② MUSSWEILER T，STRACK F. Hypothesis-Consistent Testing and Semantic Priming in the Anchoring Paradigm：A Selective Accessibility Model[J]. Journal of Experimental Social Psychology，1999，35：136 - 164.

信,被试表现出来的锚定效应就越微弱。这可能是因为更自信的被试会更轻易地产生出与锚定值不一致的信息①。

显然,在 B 研究实验中,带来锚定效应的大多数行为都是在第一次比较性估计中出现的。人们真真切切地将目标值和锚定值进行了比较,哪怕这个锚定值是不相关的。这种比较有助于人们提取出与锚定值相一致的信息,得到一系列带有系统性偏差的证据,形成一个由此类证据组成的具备可得性的证据池。如果这个比较性估计中要考量的假设被改变了,锚定效应的影响力度就会发生巨大的变化;而如果实验者们简单地以一个数值在被试者进行武断地估计之前启动(prime)了被试者,就等于直接去除了比较性估计中要考量的那个假设,则锚定效应就变得更加微弱、更加不稳定了。

然而,可得性信息并非在任何判断中都有用,它只会影响即将发生的与其相关的判断。标准锚定范式不仅有助于与锚相一致信息的提取,而且,因为该范式的两个步骤通常都涉及同一个目标,所以它还有助于提高这些信息的可应用性。这种紧密的关系,意味着人们是很可能基于在比较性估计中产生的信息而作出判断、得到武断估计的。因为这些信息是朝向锚定值的方向偏倚的,所以武断估计值也将同向偏倚。

研究表明,在标准锚定范式研究中,可应用性是一个特别重要的概念。

第一,一旦比较性估计中所产生信息的相关性下降,锚定效应发挥作用的程度就会随之发生剧烈变化,有时甚至可以完全被消除。比如,实验人员要求所有被试在第一步中,回答"科隆大教堂的高度是否高于或低于一个高或低的锚定值",然后在第二步中,每位被试要么去估计科隆大教堂的"高度",要么去估计其"长度"②。仅当比较性估计和武断估计在同一

---

① WILSON T D, HOUSTON C E, ETLING K M, et al. A New Look at Anchoring Effects: Basic Anchoring and Its Antecedents[J]. Journal of Experimental Psychology: General, 1996, 4: 387 - 402.

② STRACK F, MUSSWEILER T. Explaining the Enigmatic Anchoring Effect: Mechanisms of Selective Accessibility[J]. Journal of Personality and Social Psychology, 1997, 73: 437 - 446.

维度上时，锚定效应才会出现，若非如此，该效应就会消失。这个发现很重要，不仅有助于我们理解锚定效应背后的机制，也有助于我们识别其边界条件。给出一个量化估计，并不会自动地对任何后续判断造成影响，而是仅会对明确相关的判断造成影响。

第二，可应用性的重要性还体现在，人们进行比较性估计和武断估计时的应答速度是负相关的。这表明，比较性估计中所产生的信息被用于武断估计的可应用性越高，武断估计对人们来说就越容易。

总的来说，采用标准锚定范式的 B 研究中的锚定效应，其产生根源，是在于"与锚相一致信息的可得性是偏倚的"，而非在于"不相关的锚所造成的调整不足"。虽然已有研究成果与调整不足的解释是一致的，但我们还不知道后者是否能预测前者。更麻烦的是，那些对被试的操控步骤，原本是为了对一个故意的、需要付出努力的系列的判断过程造成影响，到头来却没有影响到被试的应答。因此，在 B 范式研究中，想用调整不足做出解释，是十分困难的。

比如，有实验人员会用一种即兴的任务来转移被试的注意力，本来是想阻碍人们努力进行的调整过程，但却丝毫没有改变人们在 B 范式研究中的应答。实验人员为了促进人们努力思考，以期他们可以进行更大幅度的调整，曾保证正确率高的被试可以得到金钱的奖励，或者提前对被试实施了对偏差的预警提示[1]，但最终都没能影响人们的应答。

无论如何，通过对锚定做出可得性偏倚解释，是一种能够与上述研究结果保持一致的方法。可得性效应是自动心理过程的典型案例，而这些过程并不需要人们给予关注性的资源，且通常都对人们故意实施的纠正行为具有免疫力。

---

① CHAPMAN G B, JOHNSON E. Incorporating the Irrelevant: Anchors in Judgments of Belief and Value[M]//GILOVICH T, GRIFFIN D, KAHNEMAN D. (eds). Heuristics and Biases: The Psychology of Intuitive Judgment. Cambridge: Cambridge University Press, 2002: 120 – 138.

3.4.5　理解锚定与调整启发式研究

之前的研究表明，被试在标准锚定范式研究实验室中遇到的锚定值，与人们在日常生活中遇到的锚定值，有着很大的不同。日常生活中的锚定值，更多地源于人们对复杂估计的简化，也就是说，这是一种启发式。

例如，在珠穆朗玛峰顶上，水的沸点是多少度？

面对这样的问题，虽然没有几个人可以准确地给出答案（70～75 摄氏度），但是大多数人可以给出一个比较合理的估计。人们会从一个他们已知的值出发，通过调整来得到答案。比如，在低海拔地区生活的人们，如果知道日常生活中水的沸点是 100 摄氏度，且知道海拔越高、沸点越低的规律，就能给出一个差不多的估计。

人们作此判断的过程，看起来似乎是自动完成的：先得到一个明显错误的、但比较接近正确答案的数值，然后进行一定的修改。此过程中的锚定值是自我生成的，这区别于标准范式研究中有着外部来源的那些锚定值。在这里，人们无需考虑"锚定值是不是正确答案"，因为人们知道它是错误的，所以不会调动"选择性的可得性"机制。相反，人们会实施一系列的调整，直到获得一个貌似可信的答案。

有研究表明，自我产生的锚定值，不但会激活一系列的调整，而且这一调整过程与 B 研究中的可得性偏倚机制差异明显。比如，因为从一个自我产生的锚定值出发进行的调整，对被试来说，是有意识的、故意进行的调整，所以人们能够意识到自己采用了这个启发式；而在 B 研究中，人们并没有意识到这一点①。

相比于那些只是为了"测量"调整过程的实验，更有趣的是那些旨在

---

①　EPLEY N, GILOVICH T. Putting Adjustment Back in the Anchoring and Adjustment Heuristic：Differential Processing of Self-Generated and Experimenter-Provided Anchors［J］. Psychological Science，2001，12：391-396.

"操控"(manipulate)调整过程的实验。操控，这种行为并没有任何的贬义色彩，在许多实验中，操控的目的只是为了"施加决定性的影响"而已。如果一个人采用启发式，就意味着他会从一个他脑海中自动出现的锚定值 M 出发，进行一系列的调整，最终获得一个在他看来比初始锚定值更接近正确答案的估计值 N。在研究者们看来，如果存在某种因素 X，可以对这个人是否以 M 为锚定值产生影响，则 X 应该也能对其从 M 到 N 的调整过程产生影响。

以态度和劝说为主题的研究结果表明，只需要在人们进行判断时改变其身体运动状态，就可以对他们的接受和拒绝行为进行操控。在一次著名的研究中[①]，实验人员要求不同组别的被试在听同一篇广播评论的同时分别做出摇头和点头的动作。结果发现，听广播时不停点头的被试更倾向于"同意"广播中评论的内容，而不停摇头的被试更倾向于"反对"广播中评论的内容。当然，也有研究表明[②]，如果一个人不是"被要求"不停点头，而是自己"主动"做出点头的动作，他给出的估计值会更接近其自我产生的锚定值。而且，不停点头的被试不但会更快地做出应答，还更能给出前后一致的答案。相比之下，在 B 研究中的被试，不管是摇头还是点头，都没有对其应答造成影响。这说明，A 研究和 B 研究所涉及的人类认知机制是有明显区别的。

在以本体感受运动为主题的心理学研究中，学者们也发现了这类区别。比如，人在采取双臂弯曲的接纳姿势时，相比于双臂伸出的回避姿势，更倾向于对外界刺激做出积极正面的回应[③]。在对自我产生的锚定值

① WELL G L, PETTY R E. The Effects of Overt Head Movements on Persuasion: Compatibility and Incompatibility of Responses[J]. Basic and Applied Social Psychology, 1980, 1(3): 219 - 230.

② EPLEY N, GILOVICH T. Putting Adjustment Back in the Anchoring and Adjustment Heuristic: Differential Processing of Self-Generated and Experimenter-Provided Anchors [J]. Psychological Science, 2001, 12: 391 - 396.

③ CACIOPPO J T, PRIESTER J R, BERNTSON G G. Rudimentary Determinants of Attitudes. II: Arm Flexion and Extension Have Differential Effects on Attitudes[J]. Journal of Personality and Social Psychology, 1993, 65: 5 - 17.

进行回应时，双臂弯曲和点头这类的动作会诱导被试者给出更接近锚定值的估计，而双臂伸出和摇头的动作则会产生相反的作用。在 A 研究中，手臂的姿势并不会影响人们的回答，这说明，自我产生的锚定值可以激活一种调整过程，而在 B 研究中，那些由实验人员提供的外部锚定值，是无法激发该过程的。

在锚定与调整启发式研究，也就是 A 研究中，争议最大，也是最常被用于进行因果解释的，就是"调整不足"。比如，有研究显示，人们给出的估计，常常是系统性地偏离正确答案的。美国人在回答"乔治·华盛顿是于 1779 年还是 1789 年被选为美国总统"这个问题时，总是很难从美国宣布独立的 1776 年这个锚定点出发来做出充足的调整。事实上，美国《独立宣言》是 1776 年发布的，但是美国独立战争 1783 年才结束，而华盛顿当选美国首任总统已经是 1789 年的事情了。美国人每年都会庆祝国庆节，以纪念 1776 年 7 月 4 日通过的《独立宣言》，但正是因为熟知 1776 年这个重要年份，调整不足会导致大多数被试倾向于认为华盛顿总统当选于 1779 年。

有学者认为，调整不足的原因在于调整本身需要耗费人的注意力（attention）①。注意力是一种有限资源，任何阻碍人们耗费该资源的因素都会导致调整不足。世界是复杂的，要耗费人的注意力的事物多种多样，因此几乎所有的判断过程都得不到足够的注意力资源，这意味着大多数的调整都是不足的。

一方面，人们在对一系列自我产生的锚定值作出回应时，注意力会自动地被相关记忆分散掉；另一方面，参加各类活动之后，人们会受到许多因素的影响，从而导致注意力不足。另外，大多数人是讨厌费力思考问题

---

① GILBERT D T. Inferential Correction[M]//GILOVICH T, GRIFFIN D, KAHNEMAN D. (eds). Heuristics and Biases: The Psychology of Intuitive Judgment. Cambridge: Cambridge University Press, 2002: 167 - 184.

的，这就是学界所谓的认知懒惰。

充足的调整，似乎是遥不可及的。因此，有学者认为，这与前文所说的"满意原则"有关，即，人们会在得到一个看似可信的数值时停止调整①。既然这个调整过程会在某个位置停止，那么调整不足就是正常现象了。

至此，我已经尽力为读者展示了传统判断与决策学研究中关于判断的主要研究及其相关的结论。在接下来的工作中，我将致力于为读者介绍判断与决策学中决策主题的经典研究，并在其基础上进一步拓展相关内容。

---

① QUATTRONE G A. Overattribution and Unit Formation：When Behavior Engulfs the Person[J]. Journal of Personality and Social Psychology，1982，42：593 – 607.

参考文献

【中文文献】

［1］爱德华·威尔逊. 社会生物学：个体、群体和社会的行为原理与联系［M］. 毛盛贤，孙港波，刘晓君，等译. 北京：北京联合出版公司，2021.

［2］爱德华·威尔逊. 知识大融通：21世纪的科学与人文［M］. 梁锦鋆，译. 北京：中信出版社，2016.

［3］包玉清，吴俊，叶冬青. 分析概率论先驱——皮埃尔·西蒙·拉普拉斯［J］. 中华疾病控制杂志，2019(5)：617－620.

［4］边沁. 道德与立法原理导论［M］. 时殷弘，译. 北京：商务印书馆，2005.

［5］伯兰特·罗素. 悠闲颂［M］. 李金波，蔡晓，译. 北京：中国工人出版社，1993.

［6］曹剑波. 维特根斯坦论有意义的怀疑——《论确定性》的怀疑观管窥［J］. 华东师范大学学报：哲学社会科学版，2005，37(5)：103－110.

［7］陈希孺. 数理统计学小史［J］. 数理统计与管理，1998，17(3)：61－64.

［8］范超. 概率是物质属性还是主观认识——频率学派与贝叶斯学派的区别［J］. 中国统计，2016(8)：40－41.

［9］菲利普·佩迪特. 共和主义：一种关于自由与政府的理论［M］. 刘训

练，译. 南京：凤凰出版传媒集团江苏人民出版社，2009.

[10] 弗雷德里克·科普勒斯顿. 英国哲学：从霍布斯到休谟[M]. 周晓亮，译. 天津：天津人民出版社，2020.

[11] 霍布斯. 利维坦[M]. 海蕴，译. 北京：商务印书馆，1985.

[12] 吉仁泽，泽尔腾. 有限理性：适应性工具箱[M]. 刘永芳，译. 北京：清华大学出版社，2016.

[13] 季爱民. 阿莱斯悖论：对主观期望效用理论的挑战[J]. 安徽大学学报：哲学社会科学版，2007，31(5)：43 - 46.

[14] 季爱民. 波普尔的概率观评析[J]. 学术论坛，2007(6)：28 - 31.

[15] 季爱民. 关于萨维奇统计决策理论的研究[J]. 统计与决策，2013(23)：11 - 14.

[16] 季爱民. 频率论：古典概率理论转向概率经验解释的标志[J]. 统计与决策，2014(7)：4 - 7.

[17] 季爱民. 主观主义概率观合理性探讨[J]. 安徽师范大学学报：人文社会科学版，2010(11)：679 - 684.

[18] 卡尔·波普尔. 科学发现的逻辑[M]. 查汝强，邱仁宗，万木春，译. 杭州：中国美术学院出版社，2008.

[19] 凯恩斯. 货币论（上卷）[M]. 何瑞英，译. 北京：商务印书馆，1986.

[20] 凯恩斯. 货币论（下卷）[M]. 蔡谦，译. 北京：商务印书馆，1986.

[21] 拉·梅特里. 人是机器[M]. 顾寿观，译. 北京：商务印书馆，2021.

[22] 乐国安. 从华生到斯金纳——新老行为主义者的比较[J]. 应用心理学，1982(2)：27 - 30.

[23] 李其维. "认知革命"与"第二代认知科学"刍议[J]. 心理学报，2008，40(12)：1306 - 1327.

[24] 李纾，毕研玲，梁竹苑，等. 无限理性还是有限理性？——齐当别抉择模型在经济行为中的应用[J]. 管理评论，2009，21(5)：103 - 114.

［25］李纾，谢晓非，毕研玲，等. 行为决策理论之父：纪念 Edwards 教授
2 周年忌辰［J］. 应用心理学，2007，13(2)：99－107.

［26］刘军大，谭扬芳. 证伪和"证实"的统一——为卡尔·波普尔诞辰百
周年而作［J］. 甘肃社会科学，2003(1)：58－61.

［27］刘乐平，袁卫. 现代贝叶斯分析与现代统计推断［J］. 经济理论与经
济管理，2004(6)：64－69.

［28］卢克莱修. 物性论［M］. 方书春，译. 南京：译林出版社，2012.

［29］罗平. 赫姆霍兹的"论能量守恒"及其学术价值［J］. 自然辩证法通
讯，2000，22(5)：63－70.

［30］罗素. 西方哲学史(上卷)［M］. 李约瑟，译. 北京：商务印书馆，2001.

［31］罗素. 西方哲学史(下卷)［M］. 马元德，译. 北京：商务印书馆，2001.

［32］摩尔. 伦理学原理［M］. 陈德中，译. 北京：商务印书馆，2017.

［33］诺姆·乔姆斯基. 语言知识：本质、来源及使用［M］. 李京廉，等译.
北京：商务印书馆，2022.

［34］帕斯卡尔. 思想录［M］. 何兆武，译. 北京：商务印书馆，1985.

［35］齐亮. 不止于理性：判断与决策学视角下的理性论［M］. 上海：上海
交通大学出版社，2020.

［36］齐亮，刘晓荣，范晨芳，等. 系统动力学在海上医疗后送领域的应用
研究［J］. 中国卫生质量管理，2010，17(4)：90－93.

［37］齐亮，刘晓荣. 海军大型战斗舰艇传染病预测模型选择［J］. 海军军
医大学学报，2022，43(9)：1059－1065.

［38］齐亮，刘晓荣. 中国学生动态系统累积变量理解能力调查研究［J］.
科教文汇，2022(10)：65－70.

［39］汤为本. 论拉姆齐模型与现代宏观经济学的发展［J］. 中南财经政法
大学学报，2004(6)：26－31.

［40］唐代兴. 边沁功利主义思想浅析［J］. 北京社会科学，2002(3)：152－154.

［41］王其藩. 高级系统动力学［M］. 北京：清华大学出版社，1995.

［42］王其藩. 系统动力学［M］. 2 版. 北京：清华大学出版社，1994.

［43］王晓庄，王思聪，牟伟莉，等. 动态系统累积变量判断中的关联启发式［J］. 心理科学进展，2018，26(2)：344－357.

［44］王有腔. 物理学中的三个"妖精"及其简单性和复杂性思想意蕴［J］. 科学技术与辩证法，2009，26(3)：43－46.

［45］王幼军. 对帕斯卡赌注的多重解读［J］. 科学，2017，69(3)：37－40.

［46］王幼军. 启蒙视野中的概率期望思想［J］. 上海交通大学学报：哲学社会科学版，2009，17(6)：41－48.

［47］维特根斯坦. 逻辑哲学论［M］. 贺绍甲，译. 北京：商务印书馆，1996.

［48］维特根斯坦. 哲学研究［M］. 韩林合，编译. 北京：商务印书馆，1996.

［49］吴玉督，吴江. 不确定性下决策理论的发展：主观概率研究综述［J］. 江汉论坛，2007(7)：74－77.

［50］伍麟. 20 世纪美国新行为主义心理学的行为观解析［J］. 赣南师范学院学报，2001(5)：14－18.

［51］休谟. 道德原则研究［M］. 曾晓平，译. 北京：商务印书馆，2001.

［52］休谟. 人类理解研究［M］. 关文运，译. 北京：商务印书馆，1997.

［53］休谟. 人性论［M］. 关文运，译. 北京：商务印书馆，1980.

［54］徐传胜，潘丽云，任瑞芳. 惠更斯的 14 个概率命题研究［J］. 西北大学学报：自然科学版，2007，37(1)：164－168.

［55］徐传胜，曲安京. 惠更斯与概率论的奠基［J］. 自然辩证法通讯，2006，28(6)：76－80.

［56］徐文强. 新古典宏观经济理论的发展及其政策启示［J］. 财经理论与实践，2005，26(2)：10－15.

［57］亚当·斯密. 道德情操论［M］. 蒋自强，钦北愚，朱钟棣，等译. 北京：商务印书馆，1997.

［58］亚当·斯密. 国富论［M］. 郭大力，王亚南，译. 北京：商务印书馆，2015.

［59］叶浩生. 行为主义的演变与新的新行为主义［J］. 心理科学进展，1992（2）：19-24.

［60］余芳，周爱保. 主观期望效用理论的发展［J］. 四川教育学院学报，2005，21（5）：54-56.

［61］原成成. 当代西方效用主义研究述评［J］. 人民论坛：中旬刊，2012（11）：202-203.

［62］原成成. 效用主义伦理思想研究［M］. 北京：中国国际广播出版社，2017.

［63］约翰·梅纳德·凯恩斯. 就业、利息和货币通论［M］. 高鸿业，译者. 北京：商务印书馆，1999.

［64］约翰·密尔. 论自由［M］. 程崇华，译. 北京：商务印书馆，1959.

［65］张五常. 经济解释［M］. 北京：中信出版社，2010.

［66］张应山，茆诗松. 统计学的哲学思想以及起源与发展［J］. 统计研究，2004（12）：52-59.

［67］赵玉震，王成，孙增国，等. 贝叶斯学派与频率学派在统计推断上的差异［J］. 电子设计工程，2013，21（13）：21-24.

［68］朱荔，陈霄，齐亮. 课程思政视域下的海军卫勤课程教学优化设计［J］. 中国继续医学教育，2022，14（20）：157-161.

［69］邹顺宏. 心智与语言——认知革命的哲学探源［J］. 铜陵学院学报，2010（4）：47-49.

【英文文献】

［1］ARROW K J. Risk Perception in Psychology and Economics［J］. Economic Inquiry，1982，20：1-9.

［2］ ARTINGER F M，GIGERENZER G，JACOBS P. Satisficing：Integrating Two Traditions［J］. Journal of Economic Literature，2022，60(2)：598 - 635.

［3］ BACHARACH M. Foundations of Decision Theory：Issues and Advances［M］. Malden：Blackwell Pub，1993.

［4］ BAR-HILLEL M，NETER E. How Alike Is It? Versus How Likely Is It?：A Disjunction Fallacy in Probability Judgments［J］. Journal of Personality and Social Psychology，1993，65(6)：1119 - 1131.

［5］ BAYES T. An Essay Towards Solving a Problem in the Doctrine of Chances［J］. Biometrika，1958，45：293 - 315.

［6］ BERNOULLI D. Exposition of a New Theory on the Measurement of Risk［J］. Econometrica，1954，22(1)：23 - 36.

［7］ BERNOULLI D. Specimen Theoriae Novae de Mensura Sortis［J］. Commentarii Academiae Scientiarum Imperialis Petropolitanae，1738，5：175 - 192.

［8］ BREHMER B. Hypotheses About Relations Between Scaled Variables in the Learning of Probabilistic Inference Tasks［J］. Organizational Behavior and Human Performance，1974，11(1)：1 - 27.

[9] BROOME J. Weighing Goods：Equality，Uncertainty and Time［M］. Oxford：Basil Blackwell，1991.

[10] BRUNER J S. On Perceptual Readiness［J］. Psychological Review，1957，64(2)：123 - 152.

[11] BRUNSWIK E. International Encyclopedia of Unified Science (vol. I，no. 10)：The Conceptual Framework of Psychology［M］.

Chicago: University of Chicago Press, 1952.

［12］ BRUNSWIK E. Organismic Achievement and Environmental Probability[J]. Psychological Review, 1943, 50(3): 255 - 272.

［13］ BRUNSWIK E. Perception and the Representative Design of Psychological Experiments[M]. Berkeley: University of California Press, 1956.

［14］ BRUNSWIK E. Scope and Aspects of the Cognitive Problem[M]// GRUBER H E, HAMMOND K R, JESSOR R. (eds).Contemporary Approaches to Cognition. Cambridge: Harvard University Press, 1957: 5 - 31.

［15］ BUEHNER M J, CHENG P W, CLIFFORD D. From Covariation to Causation: A Test of the Assumption of Causal Power[J]. Journal of Experimental Psychology: Learning, Memory, and Cognition, 2003, 29(6): 1119 - 1140.

［16］ CACIOPPO J T, PRIESTER J R, BERNTSON G G. Rudimentary Determinants of Attitudes. II: Arm Flexion and Extension Have Differential Effects on Attitudes[J]. Journal of Personality and Social Psychology, 1993, 65(1): 5 - 17.

［17］ CHANG R. Incommensurability, Incomparability, and Practical Reason[M]. Cambridge: Harvard University Press, 1997.

［18］ CHAPMAN G B, JOHNSON E J. Anchoring, Activation, and the Construction of Values[J]. Organizational Behavior and Human Decision Processes, 1999, 79(2): 115 - 153.

［19］ CHENG P W. From Covariation to Causation: A Causal Power Theory[J]. Psychological Review, 1997, 104(2): 367 - 405.

［20］ CHRISTIANIDIS J, OAKS J. The Arithmetica of Diophantus[M].

London：Routledge，2022.

[21] COBOS P L，ALMARAZ J，GARCÍA-MADRUGA J A. An Associative Framework for Probability Judgment：An Application to Biases [J]. Journal of Experimental Psychology：Learning，Memory，and Cognition，2003，29(1)：80－96.

[22] COBOS P L，LOPEZ F J，CANO A，et al. Mechanisms of Predictive and Diagnostic Causal Induction[J]. Journal of Experimental Psychology：Animal Behavior Processes，2002，28：331－346.

[23] COHEN J. Chance，Skill，and Luck：The Psychology of Guessing and Gambling[M]. Baltimore：Penguin Books，1960.

[24] DAVIDSON D，SUPPES P，SIEGEL S. Decision Making：An Experimental Approach[M]. Stanford：Stanford University Press，1957.

[25] DENNISTON J C，SAVASTANO H I，BLAISDELL A P，et al. Cue Competition as A Retrieval Deficit[J]. Learning and Motivation，2003，34：1－31.

[26] DHAMI M K，MUMPOWER J L. Kenneth R. Hammond's Contributions to the Study of Judgment and Decision Making[J]. Judgment and Decision Making，2018，13(1)：1－22.

[27] DIAMOND P A. A Many-Person Ramsey Tax Rule[J]. Journal of Public Economics，1975，4(4)：335－342.

[28] DIAMOND P A，MIRRLEES J A. Optimal Taxation and Public Production II：Tax Rules[J]. American Economic Review，1971，61：261－278.

[29] DICKINSON A. Causal Learning：An Associative Analysis（The 28th Bartlett Memorial Lecture）[J]. Quarterly Journal of

Experimental Psychology, 2001, 54B: 3 – 25.

[30] DOUGHERTY M R P, GETTYS C F, THOMAS R P. The Role of Mental Simulation in Judgments of Likelihood[J]. Organizational Behavior and Human Decision Processes, 1997, 70(2): 135 – 148.

[31] EDWARDS A. Ars Conjectandi Three Hundred Years On[J]. Significance, 2013, 10(3): 39 – 41.

[32] EDWARDS W. Behavioral Decision Theory[J]. Annual Review of Psychology, 1961(12): 473 – 498.

[33] EDWARDS W. Dynamic Decision Theory and Probabilistic Information Processings[J]. Human Factors, 1962, 4(2): 59 – 74.

[34] EDWARDS W, LINDMAN H, SAVAGE L J. Bayesian Statistical Inference for Psychological Research[J]. Psychological Review, 1963, 70(3): 193 – 242.

[35] EDWARDS W. Subjective Probabilities Inferred from Decisions[J]. Psychological Review, 1962, 69(2): 109 – 135.

[36] EDWARDS W. The Theory of Decision Making[J]. Psychological Bulletin, 1954, 51(4): 380 – 417.

[37] EDWARDS W. Utility Theories: Measuerment and Application [M]. New York: Springer, 1992.

[38] EDWARDS W, WINTERFELDT D V. Public Values in Risk Debates[J]. Risk Analysis, 1987, 7(2): 141 – 158.

[39] EPLEY N, GILOVICH T. Putting Adjustment Back in the Anchoring and Adjustment Heuristic: Differential Processing of Self-Generated and Experimenter-Provided Anchors[J]. Psychological Science, 2001, 12(5): 391 – 396.

[40] EVANS J, St B T. Bias in Human Reasoning: Causes and Consequences

[M]. Hove and London: Lawrence Erlbaum Associates, Inc, 1989.

[41] FIEDLER K. Beware of Samples! A Cognitive-Ecological Sampling Approach to Judgment Biases[J]. Psychological Review, 2000, 107 (4): 659 - 676.

[42] FREDERICK S. Cognitive Reflection and Decision Making[J]. The Journal of Economic Perspectives, 2005, 19(4): 25 - 42.

[43] GIGERENZER G. Adaptive Thinking: Rationality in the Real World[M]. New York: Oxford University Press, 2000.

[44] GIGERENZER G, GRAY J A M. Better Doctors, Better Patients, Better Decisions: Envisioning Health Care 2020[M]. Cambridge: MIT Press, 2011.

[45] GIGERENZER G. Gut Feelings: The Intelligence of the Unconscious [M]. New York: Viking, 2007.

[46] GIGERENZER G, HERTWIG R, PACHUR T. Heuristics: The Foundations of Adaptive Behavior[M]. New York: Oxford University Press, 2011.

[47] GIGERENZER G. How to Stay Smart in a Smart World: Why Human Intelligence Still Beats Algorithms[M]. Cambridge: MIT Press, 2022.

[48] GIGERENZER G. Rationality for Mortals: How People Cope With Uncertainty[M]. New York: Oxford University Press, 2008.

[49] GIGERENZER G, REB J, LUAN S. Smart Heuristics for Individuals, Teams, and Organizations [J]. Annual Review of Organizational Psychology and Organizational Behavior, 2022, 9: 171 - 198.

[50] GIGERENZER G. Risk Savvy: How to Make Good Decisions[M].

New York: Viking, 2014.

[51] GIGERENZER G. Simple Heuristics to Run a Research Group[J]. PsyCh Journal, 2022, 11(2): 275 - 280.

[52] GIGERENZER G. Simply Rational: Decision Making in the Real World[M]. New York: Oxford University Press, 2015.

[53] GIGERENZER G, TODD P M. Fast and Frugal Heuristics: The Adaptive Toolbox[M]// GIGERENZER G, TODD P M, THE ABC RESEARCH GROUP. Simple Heuristics That Make Us Smart. New York: Oxford University Press, 1999: 3 - 34.

[54] GILOVICH T D, GRIFFIN D, KAHNEMAN D. Heuristics and Biases: The Psychology of Intuitive Judgment[M]. Cambridge: Cambridge University Press, 2002.

[55] GLUCK M A, BOWER G H. From Conditioning to Category Learning: An Adaptive Network Model[J]. Journal of Experimental Psychology, 1988, 117(3): 227 - 247.

[56] GOLDSTEIN C G. How Good are Simple Heuristics? [M]// GIGERENZER G, TODD P M. THE ABC RESEARCH GROUP (eds).Simple Heuristics that Make us Smart. New York: Oxford University Press, 1999: 97 - 118.

[57] GOLDSTEIN W M, HOGARTH R M. Research on Judgment and Decision Making: Currents, Connections, and Controversies[M]. Cambridge: Cambridge University Press, 1997: 3 - 65.

[58] GONZALEZ C, QI L, SRIWATTANAKOMEN N, CHRABASZCZ J. Graphical Features of Flow Behavior and the Stock and Flow Failure[J]. System Dynamics Review, 2017, 33(1): 59 - 70.

[59] HACKING I. The Emergence of Probability[M]. Cambridge:

Cambridge University Press，1975.

[60] HAKE H W，HYMAN R. Perception of the Statistical Structure of a Random Series of Binary Symbols[J]. Journal of Experimental Psychology，1953，45(1)：64－74.

[61] HAMMOND K R. Human Judgment and Decision Making：Theories，Methods，and Procedures[M]. New York：Hemisphere Publishing Corporation，1980.

[62] HAMMOND K R. Human Judgment and Social Policy：Irreducible Uncertainty，Inevitable Error，Unavoidable Injustice[M]. New York：Oxford University Press，1996.

[63] HAMMOND K R，HURSCH C J，TODD F J. Analyzing the Components of Clinical Inference[J]. Psychological Review，1964，71(6)：438－456.

[64] HAMMOND K R. Judgments Under Stress[M]. New York：Oxford University Press，1999.

[65] HAMMOND K R. Probabilistic Functioning and the Clinical Method[J]. Psychological Review，1955，62(4)：255－262.

[66] HAMMOND K R，STEWART T R.，BREHMER B，et al. Social Judgment Theory[M]// KAPLAN M F，SCHWARTZ S（ed.）. Human Judgment and Dcision Processes in Applied Setting. New York：Academic Press Inc.，1975：271－312.

[67] HAMMOND K R，STEWART T R. The Essential Brunswik：Beginnings，Explications，Applications[M]. New York：Oxford University Press，2001.

[68] HAMMOND K R，SUMMERS D A. Cognitive Control[J]. Psychological Review，1972，79：58－67.

[69] HAMMOND K R. The Psychology of Egon Brunswik[M]. New York: Holt, Rinehart & Winston, INC, 1966.

[70] HAMMOND P J. Utilitarianism, Norms and the Nature of Utility [J]. Economics and Philosophy, 1996, 12: 1 – 15

[71] HARDMAN D. Judgement and Decision Making: Psychological Perspectives[M]. Malden: BPS Blackwell, 2009.

[72] HEATHCOTE J, TSUJIYAMA H. Optimal Income Taxation: Mirrlees Meets Ramsey[J]. Journal of Political Economy, 2021, 129(11): 3141 – 3184.

[73] HESSLOW G. Two Notes on the Probabilistic Approach to Causality[J]. Philosophy of Science, 1976, 43(2): 290 – 292.

[74] HOLTON G. Thematic Origins of Scientific Thought: Kepler to Einstein[M]. Cambridge: Harvard University Press, 1988.

[75] HOWARD R A, ABBAS A E. Foundations of Decision Analysis [M]. New York: Pearson Education Inc., 2019.

[76] HUBBARD D W. How to Measure Anything: Finding the Value of Intangibles in Business[M]. New Jersey: Wiley, 2011.

[77] HUNTER W S. The Psychological Study of Behavior [J]. Psychological Review, 1932, 39(1): 1 – 24.

[78] HURSCH C J, HAMMOND K R, HURSCH J L. Some Methodological Considerations in Multiple-Cue Probability Studies [J]. Psychological Review, 1964, 71: 42 – 60.

[79] JACOWITZ K E, KAHNEMAN D. Measures of Anchoring in Estimation Tasks[J]. Personality and Social Psychology Bulletin, 1995, 21(1): 1161 – 1166.

[80] JOHNSON-LAIRD P N, LEGRENZI P, GIROTTO V, et al. Naive

Probability：A Mental Model Theory of Extensional Reasoning[J]. Psychological Review，1999，106(1)：62 - 88.

[81] KAHENEMAN D, TVERSKY A. The Simulation Heuristic[M]// KAHNEMAN D, SLOVIC P, TVERSKY A. (eds.). Judgment under Uncertainty：Heuristics and Biases. Cambridge：Cambridge University Press. 1982.

[82] KAHNEMAN D. A Perspective on Judgment and Choice：Mapping Bounded Rationality[J]. American Psychologist，2003，58(9)：697 - 720.

[83] KAHNEMAN D, KLEIN G. Conditions for Intuitive Expertise：A Failure to Disagree[J]. American Psychologist，2009，64(6)：515 - 526.

[84] KAHNEMAN D, SLOVIC P, TVERSKY A. Judgment Under Uncertainty：Heuristics and Biases[M]. Cambridge：Cambridge University Press，1982.

[85] KAHNEMAN D. Thinking, Fast and Slow[M]. New York：Farrar, Straus and Giroux, 2011.

[86] KAHNEMAN D, TVERSKY A. Choices, Values, and Frames[J]. American Psychologist，1984，39(4)：341 - 350.

[87] KAHNEMAN D, TVERSKY A. Choices, Values and Frames[M]. New York：Cambridge University Press and the Russell Sage Foundation，2000.

[88] KAHNEMAN D, TVERSKY A. Norm Theory：Comparing Reality to Its Alternatives[J]. Psychological Review，1986，93(2)：136 - 153.

[89] KAHNEMAN D, TVERSKY A. On the Psychology of Prediction[J]. Psychological Review，1973，80(4)：237 - 251.

［90］KAHNEMAN D, TVERSKY A. On the Study of Statistical Intuitions［J］. Cognition，1982,11：123 - 141.

［91］KAPLAN M F, SCHWARTZ S. Human Judgement and Decision Processes［M］. San Diego：Academic Press，1975.

［92］KAPLOW L, SHAVELL S. Fairness Versus Welfare ［M］. Cambridge：Harvard University Press，2002.

［93］KAPMEIER F. Findings from Four Years of Bathtub Dynamics at Higher Management Education Institutions in Stuttgart ［R］. Proceedings of the 2004 International System Dynamics Conference，2004.

［94］KAPMEIER F, HAPPACH R M, TILEBEIN M. Bathtub Dynamics Revisited：An Examination of DéFormation Professionelle in Higher Education［J］. Systems Research and Behavioral Science，2017，34(3)：227 - 249.

［95］KEREN G，WU G. The Wiley Blackwell Handbook of Judgment and Decision Making［M］. Hoboken：John Wiley & Sons, Inc.，2015.

［96］KLAYMAN J，HA Y-W. Confirmation, Disconfirmation, and Information in Hypothesis Testing［J］. Psychological Review，1987,94(2)：211 - 228.

［97］KOEHLER D J, HARVEY N. Blackwell Handbook of Judgment and Decision Making［M］. Malden：Blackwell Publishing，2004.

［98］KORIAT A, LICHTENSTEIN S, FISCHHOFF B. Reasons for Confidence ［J］. Journal of Experimental Psychology：Human Learning and Memory，1980，6(2)：107 - 118.

［99］LAGNADO D A, SHANKS D R. Probability Judgment in Hierarchical

Learning：A Conflict Between Predictiveness and Coherence[J].
Cognition，2002，83(2)：81 – 112.

[100] LANE D C，STERMAN J D. Profiles in Operation Research：Jay Wright Forrester[M]. New York：Springer，2011.

[101] LAPLACE P S. Essai Philosophique Sur Les Probabilités[M]. Paris：Courcier，1816.

[102] LOBER K，SHANKS D R. Is Causal Induction Based on Causal Power? Critique of Cheng（1997）[J]. Psychological Review，2000，107(1)：195 – 212.

[103] LUCE R D，RAIFFA H. Games and Decisions：Introduction and Critical Survey[M]. New York：John Wiley Inc.，1957.

[104] MATUTE H，ARCEDIANO F，MILLER R R. Test Question Modulates Cue Competition Between Causes and Between Effects [J]. Journal of Experimental Psychology：Learning，Memory，and Cognition，1996，22(1)：182 – 196.

[105] MEEHL P E. Clinical Versus Statistical Prediction：A Theoretical Analysis and a Review of the Evidence [M]. Minnesota：University of Minnesota Press，1954.

[106] MEYERING T C. Historical Roots of Cognitive Science：The Rise of a Cognitive Theory of Perception from Antiquity to the Nineteenth Century[M]. New York：Springer，1989：181 – 208.

[107] MILL J S. A System of Logic[M]. London：Parker，1856.

[108] MIRRLEES J A. An Exploration in the Theory of Optimum Income Taxation[J]. The Review of Economic Studies，1971，38(2)：175 – 208.

[109] MOXNES E. Misperceptions of Basic Dynamics：The Case of

Renewable Resource Management[J]. System Dynamics Review，2004，20(2)：139－162.

[110] MUSSWEILER T，STRACK F. Hypothesis-Consistent Testing and Semantic Priming in the Anchoring Paradigm：A Selective Accessibility Model[J]. Journal of Experimental Social Psychology，1999，35(2)：136－164.

[111] MUSSWEILER T，STRACK F. The Use of Category and Exemplar Knowledge in the Solution of Anchoring Tasks[J]. Journal of Personality and Social Psychology，2000，78(6)：1038－1052.

[112] NEUMANN J V，MORGENSTERN O. Theory of Games and Economic Behavior[M]. New Jersey：Princeton University Press，1944.

[113] NISBETT R E，KRANTZ D H，JEPSON C，et al. The Use of Statistical Heuristics in Everyday Inductive Reasoning [J]. Psychological Review，1983，90(4)：339－363.

[114] OVER D E，EVANS J S B T. The Probability of Conditionals：The Psychological Evidence[J]. Mind & Language，2003，18(4)：340－358.

[115] OVER D E. Evolution and the Psychology of Thinking：The Debate[M]. Hove：Psychology Press，2003.

[116] PAYNE J W，BETTMAN J R，JOHNSON E J. The Adaptive Decision Maker[M]. New York：Cambridge University Press，1973.

[117] PETTIT P. Decision Theory and Folk Psychology[M]// BACHRACH M O L，HURLEY S L. (eds.).Foundations of Decision Theory：Issues and Advances. Oxford：Blackwell，1991：147－167.

[118] PIAGET J，INHELDER B. La genèse de l'idée de hasard chez l'enfant. [The genesis of the idea of chance in the child][M]. Paris：Presses Universitaires de France，1951.

[119] POLYA G. How to Solve It：A New Aspect of Mathematical Method[M]. Princeton：Princeton University Press，1945.

[120] QI L，GONZALEZ C. Mathematical Knowledge is Related to Understanding Stocks and Flows：Results from Two Nations[J]. System Dynamics Review，2015，31(3)：97－114.

[121] QI L，GONZALEZ C. Math Matters：Mathematical Knowledge Plays an Essential Role in Chinese Undergraduates' Stock-and-Flow Task Performance[J]. System Dynamics Review，2019，35(3)：208－231.

[122] QUATTRONE G A. Overattribution and Unit Formation：When Behavior Engulfs the Person[J]. Journal of Personality and Social Psychology，1982，42(4)：593－607.

[123] RAMSEY F P. A Contribution to the Theory of Taxation[J]. Economic Journal，1927，37(145)：47－61.

[124] RAMSEY F P. A Mathematical Theory of Saving[J]. Economic Journal，1928，38(152)：543－559.

[125] RAMSEY F P. The Foundations of Mathematics and other Logical Essays[M]. London：Kegan Paul，Trench，Trubner & Co.，1931.

[126] RAPPOPORT L，SUMMERS D A. Human Judgment and Social Interaction[M]. New York：Holt，Rinehart & Winston，INC，1973.

[127] RIPS L J. Inductive Judgments about Natural Categories[J]. Journal of Verbal Learning & Verbal Behavior，1975，14(6)：665－681.

[128] RUSSELL B. Principles of Social Reconstruction (1916) [M]. Ithaca: Cornell University Library, 2009.

[129] RUSSELL B. Roads to Freedom (1918)[M]// HORVAT B. Self-Governing Socialism: A Reader: v. 1. London: Routledge, 1975.

[130] SAVAGE L J. The Foundations of Statistics[M]. New York: John Wiley & Sons, 1954.

[131] SELTEN R. Aspiration Adaptation Theory [J]. Journal of Mathematical Psychology, 1998, 42(2 - 3): 191 - 214.

[132] SHANKS D R. Associative Versus Contingency Accounts of Category Learning: Reply to Melz, Cheng, Holyoak, and Waldmann (1993) [J]. Journal of Experimental Psychology: Learning, Memory and Cognition, 1993, 19(6): 1411 - 1423.

[133] SHANKS D R. Selective Processes in Causality Judgment[J]. Memory & Cognition, 1989, 17: 27 - 34.

[134] SIMON H A. A Behavioral Model of Rational Choice [J]. Quarterly Journal of Economics, 1955, 69: 99 - 118.

[135] SIMON H A. Administrative Behavior[M]. New York: Macmillan, 1947.

[136] SIMON H A. Invariants of Human Behavior[J]. Annual Review of Psychology, 1990, 41: 1 - 20.

[137] SIMON H A. Models of Bounded Rationality[M]. Cambridge: MIT Press, 1982.

[138] STANOVICH K E. Decision Making and Rationality in the Modern World[M]. New York: Oxford University Press, 2009.

[139] STANOVICH K E. How to Think Straight About Psychology [M]. 11th ed. New York: Pearson, 2018.

[140] STANOVICH K E. Rationality and the Reflective Mind[M]. New York: Oxford University Press, 2010.

[141] STANOVICH K E. The Bias That Divides Us: The Science and Politics of Myside Thinking[M]. Cambridge: MIT Press, 2021.

[142] STANOVICH K E. The Rationality Quotient: Toward a Test of Rational Thinking[M]. Cambridge: MIT Press, 2016.

[143] STANOVICH K E. The Robot's Rebellion: Finding Meaning in the Age of Darwin[M]. Chicago: University of Chicago Press, 2005.

[144] STANOVICH K E. What Intelligence Tests Miss: The Psychology of Rational Thought[M]. New Haven: Yale University Press, 2009.

[145] STEIGER J H, GETTYS C F. Best-Guess Errors in Multistage Inference[J]. Journal of Experimental Psychology, 1972, 92(1): 1-7.

[146] STERMAN J D. All Models Are Wrong: Reflections on Becoming a Systems Scientist[J]. System Dynamics Review, 2002, 18(4): 501-531.

[147] STERMAN J D. System Dynamics Modeling: Tools for Learning in a Complex World[J]. California Management Review, 2001, 43(4): 8-25.

[148] STERMAN J. System Dynamics at Sixty: The Path Forward[J]. System Dynamics Review, 2018, 34(1-2): 5-47.

[149] STRACK F, MUSSWEILER T. Explaining the Enigmatic Anchoring Effect: Mechanisms of Selective Accessibility [J]. Journal of Personality and Social Psychology, 1997, 73(3): 437-446.

[150] SUCKY E. The Bullwhip Effect in Supply Chains—An Overestimated

Problem？［J］. International Journal of Production Economics，2009，118(1)：311－322.

［151］ TODD P M，GIGERENZER G，GROUP T A R. Ecological Rationality：Intelligence in the World［M］. New York：Oxford University Press，2012.

［152］ TUCKER L R. Alternative Formulation in the Developments by Hursch，Hammon，and Hursch，and by Hamoond，Hursch and Todd［J］. Psychological Review，1964，71：528－530.

［153］ TVERSKY A. Elimination by Aspects：A Theory of Choice［J］. Psychological Review，1972，79(4)：281－299.

［154］ TVERSKY A. Features of Similarity［J］. Psychological Review，1977，84：327－352.

［155］ TVERSKY A，KAHNEMAN D. Availability：A Heuristic for Judging Frequency and Probability［J］. Cognitive Psychology，1973，5(2)：207－232.

［156］ TVERSKY A，KAHNEMAN D. Belief in the Law of Small Numbers［J］. Psychological Bulletin，1971，76(2)：105－110.

［157］ TVERSKY A，KAHNEMAN D. Extensional Versus Intuitive Reasoning：The Conjunction Fallacy in Probability Judgment［J］. Psychological Review，1983，90(4)：293－315.

［158］ TVERSKY A，KAHNEMAN D. Judgment Under Uncertainty：Heuristics and Biases［J］. Science，1974，185(4157)：1124－1131.

［159］ TVERSKY A，KAHNEMAN D. The Framing of Decisions and the Psychology of Choice［J］. Science，1981，211(4481)：453－458.

［160］ VON NEUMANN J，MORGENSTERN O. Theory of Games and

Economic Behavior［M］. Princeton，NJ：Princeton University Press，1944.

［161］ WALLER N G，LILIENFELD S O. Paul Everett Meehl：The Cumulative Record［J］. Journal of Clinical Psychology，2005，61(10)：1209－1229.

［162］ WANG Y，LUAN S，GIGERENZER G. Modeling Fast-and-Frugal Heuristics［J］. PsyCh Journal，2022，11(4)：600－611.

［163］ WELLS G L，PETTY R E. The Effects of Overt Head Movements on Persuasion：Compatibility and Incompatibility of Responses［J］. Basic and Applied Social Psychology，1980，1(3)：219－230.

［164］ WHITEHEAD A N，RUSSELL B. Principia Mathematica to ﹡56 ［M］. Cambridge：Cambridge University Press，1962.

［165］ WHITEHEAD A N，RUSSELL B. Principia Mathematica-Volume III［M］. Cambridge：Cambridge University Press，1913.

［166］ WHITEHEAD A N，RUSSELL B. Principia Mathematica-Volume II［M］. Cambridge：Cambridge University Press，1912.

［167］ WHITEHEAD A N，RUSSELL B. Principia Mathematica-Volume I［M］. Cambridge：Cambridge University Press，1910.

［168］ WILSON T D，HOUSTON C E，ETLING K M，et al. A New Look at Anchoring Effects：Basic Anchoring and Its Antecedents［J］. Journal of Experimental Psychology，1996，125(4)：387－402.

［169］ WINDSCHITL P D，YOUNG M E，JENSON M E. Likelihood Judgment Based on Previously Observed Outcomes：The Alternative-Outcomes Effect in a Learning Paradigm［J］. Memory & Cognition，2002，30：469－477.

［170］ WINTERFELDT D V，EDWARDS W. Decision Analysis and Behavioral Research［M］. Cambridge：Cambridge University Press，1986.

［171］ WITTGENSTEIN L，ANSCOMBE G E M，VON WRIGHT G H，et al. On Certainty［M］. Oxford：Basil Blackwell，1969.

索　引

A

阿莱悖论（Allais Paradox）　16,17,21

埃尔斯伯格悖论（Ellsberg Paradox）　16,21

B

贝叶斯定理（Bayes' Theorem）　18,46,60,61,71,101,116,133,171

贝叶斯推断（Bayesian Inference）　18

比较性估计（comparative assessment）　189,192 - 196

边际效用（marginal utility）　9,10,139

标准锚定范式（standard anchoring paradigm）　191,192,194 - 197

标准相关系数（standard correlation coefficient）　171

博弈论（Game Theory）　11,12,14,15,17,21,22,25,29,47,54,66,109,112,140

补概率（probability of complement）　58

不确定条件下的决策（decisions under uncertainty）　17,53

不确定性（Uncertainty）　6,21,45,52,84 - 86,96,99,100,111 - 113,151,161

布莱克威尔手册（Blackwell Handbook of Judgment and Decision Making）　3,24

C

D

F